纪念吴文俊先生诞辰100周年

The Complete Works of Wu Wen-Tsun
Mathematical Thoughts

吴文俊全集·数学思想卷

吴文俊 著

李文林 编订

科学出版社

龙门书局

北京

内 容 简 介

本书收载了吴文俊的非专业性文论,包括发表过的通俗文章和在各种场合所作的报告、讲话以及撰写的序言和书评. 这些非专业的文论综合反映了吴文俊的数学思想,内容涉及对整个数学的认识、对发展数学的主张以及数学研究的治学之道、创新思路等. 通过阅读本书中的文章,读者还可以了解吴文俊的思想情操与人格魅力,了解他为推进中国数学事业的整体发展、提高中国数学的国际地位做出的贡献.

本书可作为数学工作者、科学史工作者的参考用书,同时也适合教师、研究生、本科生和一般科学爱好者阅读.

图书在版编目(CIP)数据

吴文俊全集·数学思想卷/吴文俊著; 李文林编订. —北京: 龙门书局, 2019.5

国家出版基金项目

ISBN 978-7-5088-5555-4

Ⅰ. ①吴⋯ Ⅱ. ①吴⋯ ②李⋯ Ⅲ. ①数学史-中国-古代-文集 Ⅳ. ①O1-53

中国版本图书馆 CIP 数据核字(2019)第 074596 号

责任编辑: 李 欣 赵彦超/责任校对: 邹慧卿
责任印制: 吴兆东/封面设计: 无极书装

科 学 出 版 社 出版
龙 门 书 局
北京东黄城根北街 16 号
邮政编码: 100717
http://www.sciencep.com

北京虎彩文化传播有限公司 印刷
科学出版社发行 各地新华书店经销

*

2019 年 5 月第 一 版 开本: 720×1000 1/16
2019 年 5 月第一次印刷 印张: 12
字数: 242 000
定价: 88.00 元
(如有印装质量问题, 我社负责调换)

编 者 序

中国现代数学的崛起,开始于 20 世纪初,经历了几代人坚苦卓绝的努力. 在这百年奋战中涌现出来的数学家中,吴文俊是最杰出的代表之一. 他早年留学法国,留学期间就已在拓扑学方面做出了杰出贡献,提出了后来以他的名字命名的"吴公式"和"吴示性类". 回国后提出了"吴示嵌类"等拓扑不变量,发展了统一的嵌入理论. 他关于示性类与示嵌类的研究,已成为 20 世纪拓扑学的经典,至今还在前沿研究中使用. 20 世纪 70 年代以来,吴文俊院士在汲取中国古代数学精髓的基础上,开创了崭新的现代数学领域——数学机械化. 他发明的被国际上誉为"吴方法"的数学机械化方法,改变了国际自动推理的面貌,形成了自动推理的中国学派,已使中国在数学机械化领域处于国际领先地位. 上述工作无疑属于 20 世纪中国数学赶超国际先进水平的标志性成果,而吴文俊院士博大精深的科学研究,除了拓扑学与数学机械化以外,还跨越了代数几何、博弈论、中国数学史、计算图论、人工智能等众多领域,并在每个领域都留下了这位多能数学家的重要贡献.

吴文俊先生是一位具有强烈爱国精神的数学家. 自 1950 年谢绝法国师友的挽留回到祖国后,半个世纪如一日,为在他深爱的中华故土发展数学事业而鞠躬尽瘁. 除了第一流的科研成果,吴文俊先生长期身处中国数学界领导地位,在团结带领整个中国数学界赶超世界先进水平方面,也做出了不可磨灭的贡献. 特别是,吴文俊先生在担任中国数学会理事长期间,领导中国数学最终成功地加入了国际数学联盟,此举大大提高了我国数学界的国际地位,同时也为我国成功举办 2002 年国际数学家大会铺平了道路.

吴文俊治学严谨,学术思想活跃,无论获得多么高的声誉,他总是勤奋地在科研第一线工作,一生积极进取,锲而不舍,不断取得新的成就. 在开始从事机器证明时,他已近花甲之年,从零开始学习编写计算机程序,每天十多个小时在机房连续工作,终于在几何定理机器证明这一难题上取得成功.

吴文俊先生为中国现代数学的发展建立了丰功伟绩,而他本人却始终淡泊、谦逊. 他处事公正豁达,待人充满善意,受过他帮助的人可以说不计其数. 正因如此,这位有着崇高国际声望而平易近人的学者,受到了每一个认识他的人格外的爱戴与尊敬.

2019 年 5 月 12 日是吴文俊先生百年诞辰. 为了纪念这个特殊的日子,我们编辑出版了《吴文俊全集》,通过系统地收录、整理吴文俊先生的学术著作和论文,纪念吴先生的学术思想及学术成就. 全集共计 13 卷, 包括拓扑学 4 卷、数学机械化 5 卷以及数学史、博弈论与代数几何、数学思想各 1 卷; 同时, 全集还设有附卷, 收录吴文俊先生的同事、学生和其他社会各界人士发表过的与吴先生有关的各类文献资料.

最后, 我们对在全集编辑中给予帮助的各位同事表示衷心感谢; 感谢国家出版基金对于全集出版的资助; 感谢科学出版社编辑人员在出版全集时认真细致的专业精神; 感谢相关出版与新闻机构在版权方面提供的帮助.

李邦河　高小山　李文林
2019 年 3 月

前　　言

　　除了专门的数学著述，吴文俊先生发表过大量非专业性文章，包括他所写的通俗文章和在各种场合所作的讲话以及撰写的序言和书评．本卷分两大部分收录这些文章：第一部分是文章、报告与讲话；第二部分是序言与书评．全部文章遵照全集各卷统一的体例按发表年份编排，这里我们对其中的部分文章作重点说明与介绍，以便读者阅读理解．

　　数学思想是数学家的灵魂．吴文俊的数学思想当然首先是体现在其创新性数学研究中．数学观也属于数学思想的范畴，这包括对数学本质、特点、价值和发展历史的认识，以及方法论的见解等．本卷中的文章，为我们了解和学习吴文俊的数学思想与数学观提供了宝贵材料．

　　第一部分中《数学概况及其发展》和《数学》两篇，可以说是吴文俊先生对数学的认识的纲领性文章，其中《数学》是为《中国大百科全书》第一版数学卷撰写的卷首文．两篇文章都是以"数"与"形"概念为中心，以其变革为主线，对数学的本质、意义及其发展做了精彩的论述．与以往不同的是，吴先生充分论述了计算机对数学研究的影响并预测了计算机时代的数学．

　　《法国数学新派——布尔巴基派》是介绍法国布尔巴基学派数学思想之作．吴文俊在法国留学期间曾参加过布尔巴基讨论班，亲逢其盛，他笔下的布尔巴基学派，自然中肯．

　　吴文俊在拓扑学领域的工作无疑受有布尔巴基学派的影响．值得注意的是，正如吴文俊本人在 20 世纪 80 年代所指出："近年来，布尔巴基的影响已见衰退．"而吴文俊个人的学术思想在 20 世纪 70 年代中也经历了重大转折——向构造性数学的转折．这种转折主要是由于吴文俊对计算机影响的敏锐洞察和对中国古代数学的钻研，并促使了蜚声中外的数学机械化理论的创立．吴文俊这一学术思想与方向的转折，已成为数学创新的历史范例．在本卷《复兴构造性的数学》《计算机时代的脑力劳动机械化与数学机械化》等多篇文章中，我们可以看到吴文俊本人对于这种转折的成功历程的阐述．当然，想更为深入地了解这方面情况的读者，可以进一步从本全集的《数学机械化卷》和《数学史卷》汲取教益．

　　《力学在几何中的一些应用》原是 1962 年北京市数学会数学竞赛赛前吴文俊给中学生作的报告，后列入传播极广的《数学小丛书》正式出版．这不仅是一本名家手笔的数学科普小册子，其中对数学与力学的关系也有深刻的论述．

　　本卷最后一篇文章《符号–数值混合计算》，是吴文俊先生为《10000 个科学难题·数学卷》(科学出版社) 而撰, 这篇短文为我们留下了一个开放问题——设计有效、稳定的符号-数值混合计算.

吴文俊不仅以自己一流的研究成果在国际数学舞台为国争光, 同时以极大的热情与高度的责任感参与重大的科学社会活动, 发挥个人的智慧与影响力, 为推进中国数学事业的整体发展、提高中国数学的国际地位做出了不可磨灭的贡献. 从争取并合理使用科研经费、改善科研环境到加入国际数学组织、举办国际会议, 无不殚精竭虑. 先生在这方面付出的心血, 由第一部分 *Speech at the Opening Ceremonies of the International Congress of Mathematicians*、《科学创新的希望——写在国家自然科学基金委员会成立 20 周年之际》等文可见一斑. 前者是吴文俊作为 2002 年北京国际数学家大会主席在开幕式上的致辞, 在这篇文辞精炼而内涵丰富的演讲的结尾部分, 吴文俊呼吁国际数学界发扬知识文化交流的丝绸之路精神, 高瞻远瞩地将数学科学的国际合作交流推向新的境界, 引起了来自一百多个国家与会代表的热烈反响.

作为著名的数学家, 吴文俊对数学教育改革也十分关注. 他在《慎重地改革数学教育》等两篇文章中发表的观点与意见, 仍有现实意义, 值得数学教育工作者学习思考.

数学大师陈省身是将吴文俊带入数学研究殿堂的引路人, 对于老师的指引提携之恩, 吴文俊终身不忘.《悼念我的数学研究启蒙老师陈省身大师》一文, 集中表达了这份感激崇敬之情, 该文也是评述陈省身先生在数学史上的地位及其对中国数学发展之巨大贡献的重要文献.

吴文俊虽然享誉国内域外, 但始终淡泊名利, 保持着谦逊低调的风格. 第一部分的《探索与实践——我的科学研究历程》, 也许是我们能见到的唯一一篇吴文俊的自传性文章, 这是应中国科学院举办的创新系列讲座之邀而作的一次讲演, 在讲演中, 先生敞开心怀, 娓娓讲述自己的求学之路, 治学之道, 创新思路, 理想情操 …… 整篇文章情真意切, 对于读者尤其是青年学子极富教育意义.

吴文俊在上述文章中说到五四运动对他的影响, 深以出生于五四运动之年为荣幸. 科学救国、科学报国成为先生坚守一生的鸿鹄之志, 即使在动荡困难的年代也未曾动摇. 先生在花甲之年实现了加入中国共产党的愿望, 爱国爱党, 拥护改革开放, 所有这些, 在本卷《创新科研秉烛育人, 民族复兴建立功勋》《纪念邓小平同志诞辰 100 周年》等文中亦有充分反映.

吴文俊身居高位, 却平易近人, 和蔼可亲, 毫无名人架子. 他对人充满善意, 乐于助人, 对年轻人更是鼓励有加. 本卷第二部分收载的数量众多的序言与书评, 也足显吴文俊的上述人格个性. 这些序言和书评无疑是对相关学者研究工作的鼎力支持. 另一方面, 通过这些言简意赅的文字, 吴文俊也在更广泛的范围传播了自己的数学思想和数学观. 这里编者想特别提出《现代数学新进展——刘徽数学讨论班

前　言

报告集》序和《东方科学文化的复兴》出版贺词 (代序) 两篇. 前者涉及的刘徽数学讨论班, 是吴文俊亲自策划组织的学术讨论班, 它借鉴布尔巴基讨论班自由讨论的形式, 目标则是中国数学的复兴. 吴先生在序文中检阅了国内最新的重要数学研究成果, 提出了整体赶超世界先进水平的路线构想, 可以说, 这不啻是一篇复兴中国数学的宣言; 后一篇《东方科学文化的复兴》出版贺词 (代序), 是一篇不多见的长篇大序. 在洋洋万言的序文中, 吴文俊在对朱清时院士与姜岩博士的著作给以充分肯定的评述之同时, 对备受科学史界瞩目的 "李约瑟难题" 发表了自己的精辟见解, 并且在比以往更为翔实的史料基础上开展了中西文化的比较, 其学术意义已远超出了一篇序言的范围.

吴文俊本人对于集刊其非专业性文论十分重视, 曾表示: "这样的文集, 至少对作者本人来说, 要比出一本或几本选集或全集, 其意义重要得多. 因为它真正反映了作者对整个数学的认识, 反映了作者的思想实质, 也反映了作者对发展数学的主张和意图, 而这是过于专门的选集或全集所难以做到的." 在纪念吴文俊诞辰 100 周年之际, 我们重新搜集整理、编辑出版这部《吴文俊全集·数学思想卷》, 以飨读者, 同时告慰于先生英灵. 相信先生在本卷文字中所反映的数学思想与数学观、复兴中国数学的远大抱负以及自主创新精神和爱国情怀, 将永远激励我们自强不息, 为实现数学强国梦而砥砺奋进!

由于吴文俊生前撰写的非专业文论散发于范围广大的各种书刊, 本卷虽编在《全集》名下, 仍难免疏漏, 编者将继续尽力搜集, 以期在重印或再版时能进一步充实.

李文林

2019 年 4 月 12 日

目 录

第一部分 文章、报告与讲话

法国数学新派——布尔巴基派 … 3
力学在几何中的一些应用 … 5
数学概况及其发展 … 21
关于教材的一点看法 … 29
数学的机械化 … 31
复兴构造性的数学 … 36
消除对数学的神秘感——推荐《数学译林》 … 43
数学 … 45
慎重地改革数学教育 … 49
在《中国现代数学家传》首卷出版座谈会上的讲话 … 51
在八十寿辰庆祝会上的即席讲话 … 53
在 20 世纪数学传播与交流国际会议上的开幕词 … 54
解方程今与昔——在中国科学院第 11 次院士大会上的学术报告 (摘要) … 57
Speech at the Opening Ceremonies of the International Congress of Mathematicians … 60
计算机时代的脑力劳动机械化与数学机械化 … 62
Some Developments of Chinese Mathematics in the Computer Age … 77
计算机时代的东方数学 … 87
创新科研秉烛育人，民族复兴建立功勋 … 89
推动数学界人才成长——祝贺求是基金会成立十周年 … 91
纪念邓小平同志诞辰 100 周年 … 93
探索与实践——我的科学研究历程 … 96
科学创新的希望——写在国家自然科学基金委员会成立 20 周年之际 … 102
在荣获邵逸夫数学科学奖庆祝会上的答谢词 … 105
悼念我的数学研究启蒙老师陈省身大师 … 107
数学机械化研究回顾与展望 … 111
符号-数值混合计算 … 118

第二部分　序言与书评

《〈九章算术〉与刘徽》序 ································ 123
《〈九章算术〉注释》序 ································ 124
《吴文俊文集》前言 ···································· 125
《中算导论》导言 ······································ 127
《秦九韶与〈数书九章〉》序 ···························· 128
《现代数学新进展——刘徽数学讨论班报告集》序 ········· 129
《陈省身文选》序 —— 中央研究院数学研究所一年的回忆 ··· 135
《〈九章算术〉及其刘徽注研究》序 ······················ 139
《郭书春汇校〈九章算术〉》序 ·························· 142
《中国数学史大系》序 ·································· 144
Foreword of the *Nine Chapters on the Mathematical Art* ········ 146
《李俨钱宝琮科学史全集》出版贺词 ······················ 148
《数学史教程》阅后感 ·································· 150
《数学的魅力》序 ······································ 152
计算机时代的脑力劳动机械化与科学技术现代化 ··········· 153
对《鲁滨逊——非标准分析创始人》一书的感想 (中译本序) ····· 157
《东方科学文化的复兴》出版贺词 (代序) ················· 161
《女数学家传奇》出版贺词 ······························ 172
《数学与科学史丛书》总序 ······························ 173
《陈省身与中国数学》序 ································ 175
《丝绸之路数学名著译丛》总序 ·························· 176
《中国数学史研究——白尚恕文集》序 ···················· 177
中国传统数学学习回忆 (纪念钱宝琮前辈诞辰 111 周年)
　——《一代学人钱宝琮》代序 ·························· 179

第一部分

文章、报告与讲话

法国数学新派——布尔巴基派*

近 20 年来法国有一部分青年数学家以 N.Bourbaki (布尔巴基) 为名,兴起了对数学的一种革新运动,数学发展到了 20 世纪,分支愈加复杂,会有人认为数学已划分为许多不同的畛域,各有各的特点和界限,仅有少数路径可以互相沟通. 学者们终其一生,只能在一隅之地作狭而深的研究,要懂得全部数学已不可能,但 Bourbaki 却抱着极大野心想用统一的方法和统一的观点冶数学全部于一炉. 他们认为,到了目前,数学在表面上虽然部门增加,方向繁多,事实上却比以前更加统一. 因此法文的数学原名 Les mathématiques(多数), Bourbaki 派把它改成 la mathématique(单数).

为此 Bourbaki 派创造了"构造"(structures) 一词,统一了数学研究的对象. 所谓构造,可以说是表示一个集合中各元素之间的关系而把它们组织起来的一种方式. 试举一切实数所成的集合 R 为例,在 R 的各元素——实数——之间存在着下面三种关系:1° 实数可按大小排列; 2° 任两实数可以相加相乘以得另一实数; 3° 一串实数有时有极限值. 把这种关系抽象化,可能得到集合的三种构造.

1° 序次构造　　两个元素间可有某种关系 $>$ 满足下列条件:

$$如\ a>b\ 及\ b>c,\ 则\ a>c.$$

2° 代数构造　　有一种或数种满足适当条件的结合 (或运算) 方法可从两元素得一第三元素,视所加的条件不同可得不同的代数构造如群 (groups)、环 (anneau)、体 (corps) 等,上面所说的实数集合 R 是一个"体".

3° 拓扑构造　　在原来的集合中有满足适当条件的一组部分集合,由此可导出极限和连续等观念. 有了拓扑构造的集合称为空间 (espace).

上面屡次提到的"条件"一词,在数学上称为公理 (axiomes).

在 Bourbaki 派的分析之下,数学无非是许多简单与复杂、普遍与特殊的种种构造的研究. 上面所说的三种构造可以说是数学的"基本构造". 在一个集合里面同时讨论几种不同的基本构造,用若干公理把它们联系起来,则可得到比较复杂的"联合构造". 例如实数集合 R 即是序次、代数、拓扑三位一体的一种联合构造. Lattice 可以看作既有序次又有 ∪、∩ 两种结合方法的一种序次和代数的联合构造,研究这一类构造的数学部门就叫做 Lattice theory. 同样,研究代数与拓扑的联合构造者叫拓扑代数学. 在一个空间的某种部分集合间定义种种结合法则而研究之者叫代数

---

*本文摘自《数学通报》,1951 年第 4 期.

拓扑学. 若把所讨论的集合加以明确的规定, 则我们又可得到特殊的数学部门, 如实变数或复变数函数论等, 那时候的集合是实数集或复数集, 不再是任意的集合了. 总之, 数学建筑就如一座城市, 以三种基本构造为中心, 以各种联合构造为郊外. 它的中心时时在重建与改造, 它的郊外则不断膨胀与扩展.

Bourbaki 派依照他们的观点计划写一部大书统括数学全部. 这部书的第一篇讨论分析学的基本构造, 拟分六卷. 卷一论集合和构造的意义兼及序次构造, 全书计一册. 卷二论代数构造, 已出四册. 卷三论拓扑构造, 已全出, 计五册. 卷四论一个变数的实变数函数, 已出一册. 卷五论积分, 卷六编 Espaces Vectoriels Topologiques, 都未出书. 这一部分在三四年中可以出全. 那时候 Bourbaki 派理想中的数学城的中心部分可以说是落成了. 这部书的其他部分拟讨论数学的上层建筑, 内容和篇数却尚无具体计划. 全部写成至少尚需 20 年, 可能要写 50 年.

Bourbaki 派每年在巴黎举行公开的演讲会三次, 又在 Nancy 和 Strasbourg 每年举行不公开的集会若干次, 讨论书籍的编写问题.

力学在几何中的一些应用 *

作者的话

北京市数学会举办 1962 年度数学竞赛, 在竞赛之前, 先对中学生作了几次讲演. 这本书就是我所作的一次讲演稿, 由李培信、江嘉禾两位同志记录, 并由江嘉禾同志执笔整理. 谨此志谢.

吴文俊

1962 年 4 月

前言

数学、力学以及其他各学科, 尽管研究的对象形形色色, 使用的方法千变万化, 但都是人们为了认识客观世界的规律性并用来改造客观世界而发生、发展和壮大起来的. 在这个共同的目的之下, 数学和力学更是一对亲密的"战友", 它们互相支援和推动, 彼此启发和帮助.

数学对于力学的作用是显明的. 由于数学研究的对象非常普遍, 研究的范围也就极其广泛, 不论是自然科学、工程技术、国民经济以至于日常生活都不能不和数学打交道; 特别是力学, 更要用到数学. 数学对力学家说来几乎是"不可一日无此君".

但是反过来, 力学对数学的帮助也并不小: 从小的方面来说, 某些数学定理用力学方法来证明就很简单, 某些数学问题从力学着眼来考虑就可能提供一些解决的办法; 从大的方面来说, 由力学出发, 还可能提供新的数学思想、新的数学方法, 从而产生新的数学分支. 自然, 这样的作用并不是力学所独有的. 数学是一门基础科学, 它是认识和改造客观世界的重要武器之一, 尽管经过长期的发展, 数学有一套独特的理论系统, 个别的数学家在个别的时期表面上和外界脱节, 但就数学整体以及整个数学家队伍来说, 为生产实践服务不仅是它的主要目的, 也可以说是它的唯一目的. 它不能不经常对外来任务提供或摸索解决办法, 还通过它不断从外界吸收营养, 来壮大自己的力量. 这种外来的推动来自各个方面, 但从历史的久远和影响的巨大来看, 力学的作用特别显著. 例如, 微积分的产生, 力学就起了决定性

---

* 中国青年出版社, 1962. 本文摘自《数学小丛书》. 科学出版社, 2000.

的作用. 16 世纪英国工业革命的结果, 工业的迅速发展和技术革新都要求深入了解物体的运动规律, 因而对力学提出了很多亟待研究的问题, 要解决这些问题, 原来的数学工具已经不够用了, 迫切需要一个新的数学工具. 这就是微积分产生的原因.

力学对数学的应用甚至可以追溯到 2000 年前. 那时是罗马帝国称雄的时代, 有一位著名的科学家阿基米德. 他对于物体在液体中的浮沉原理的发现是众所周知的, 在中学的物理教科书中, 就提到它. 他在数学上的主要贡献是一些几何图形的面积和体积的计算. 这些在今天看来仍然不是轻而易举的, 而在当时就更难得了. 阿基米德从力学考虑入手提供了新的方法, 这些方法用比较近代的观点来看, 属于积分的范围. 阿基米德的主要著作之一就名为《一些几何命题的力学证明》.

学过物理的中学生, 都熟悉物体的重心和力的平衡这些力学概念. 本书引用了这些力学概念, 举例说明它们如何用来证明一些几何命题的.

本书内容只涉及中学课程里的一些物理和几何的知识, 不涉及深奥的理论.

1. 重心概念的应用

一根棒, 如果它的质量均匀分布, 它的重心就在棒的中央; 如果棒的质量不是均匀的, 密度大小各处不同, 它的重心就可能偏在某处. 但是不管怎样, 只要在重心那一点把棒支起, 就可以让这根棒达到平衡 (图 1). 同样, 在一个平板的重心那一点将这平板支起, 也能达到平衡 (图 2). 在最简单的情形, 只有两个质点 M_1 和 M_2, 它们的质量分别是 m_1 和 m_2, 那么这两个质点的重心 M 就在 M_1 和 M_2 这两点的连线上 (图 3), 它把线段 M_1M_2 分成下面这个比例:

$$d_1 : d_2 = m_2 : m_1.$$

三角形有许多有趣的性质是大家熟悉的. 例如, 三条中线交于一点 (重心), 三条高交于一点 (垂心), 三条内分角线交于一点 (内心), 等等. 我们现在从力学出发来证明三条中线交于一点.

图 1 　　　　　　　　　图 2

设想有一个三角形板, 质量均匀分布. 那么它的重心应该在什么地方呢? 我们把这个三角形板分成许多沿底边平行的狭条 (图 4). 当这些狭条分得很细时, 它的重心就在它的中点. 所有这些狭条的重心就都在三角形板底边的中线上, 因此整个三角形板的重心也就在这条中线上. 同样道理, 这个三角形板的重心也在另外两条中线上. 可见三角形的三条中线相交在一点, 即这个三角形的重心.

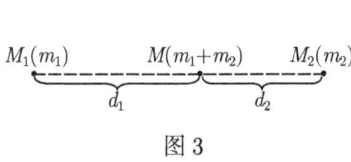

图 3

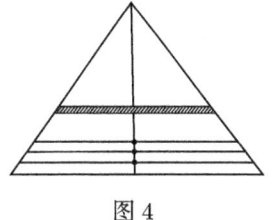

图 4

我们也可以换一种方法来考虑. 设想在三角形的三个顶点处有相同的质量 m (图 5). 我们来看这三个质点的重心应该在什么地方? 质点 $B(m)$ 和 $C(m)$ 的重心在底边 BC 的中点 D 处, 质量是 $2m$. 质点 $D(2m)$ 和质点 $A(m)$ 的重心, 也就是三个质点 $A(m)$、$B(m)$ 和 $C(m)$ 的重心, 应该在 AD 这条中线上, 并且这个重心 M 将线段 AD 分成下面的比例:

$$AM : MD = 2m : m,$$

即 $AM = 2MD$. 可见 $AM = \dfrac{2}{3} AD$, $MD = \dfrac{1}{3} AD$. 同样道理, 重心 M 也应该在另外两条中线上. 于是三条中线都相交在重心 M 这一点, 它和每个顶点的距离等于相应中线长度的 $\dfrac{2}{3}$.

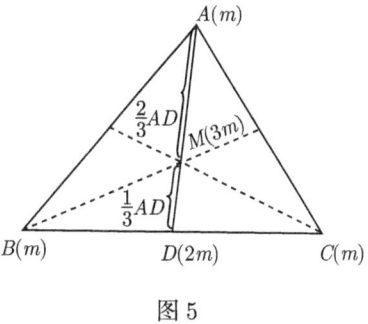

图 5

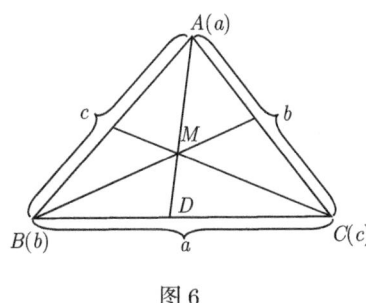

图 6

上面是设想三个顶点处有相同的质量的情形. 现在我们来看如果这三个顶点处质量不同, 将会发生什么情形? 例如, 在顶点 A 处的质量等于对边 BC 的长度 a; 同样, 在另外两个顶点 B、C 处的质量也等于它们对边的长度 b、c (图 6). 质点 B、C 的重心 D 在线段 BC 上, 它把线段 BC 分成下面的比例:

$$BD : DC = c : b = AB : AC.$$

可见 AD 是角 A 的平分线 (三角形的角平分线把对边分成的两线段和两条邻边成比例). 于是质点 A 和 D 的重心, 也就是整个质点系 A、B、C 的重心 M, 应该在这条角平分线 AD 上. 同样道理, 这个重心也应该在另外两条角平分线上. 这样, 我们就很清楚地看出了三角形的三内角平分线应该交于一点.

如果我们把三顶点处的质量分布再变化一下 (图 7, 角 A、角 B、角 C 都是锐角), 也可以证明三角形的三条高交于一点.

现在我们考虑更一般的情形. 设想通过三角形 ABC 的每个顶点处有一条直线 (图 8), 把对边分成的比例分别是 α、β、γ, 即

$$BD : DC = \alpha,$$
$$CE : EA = \beta,$$
$$AF : FB = \gamma.$$

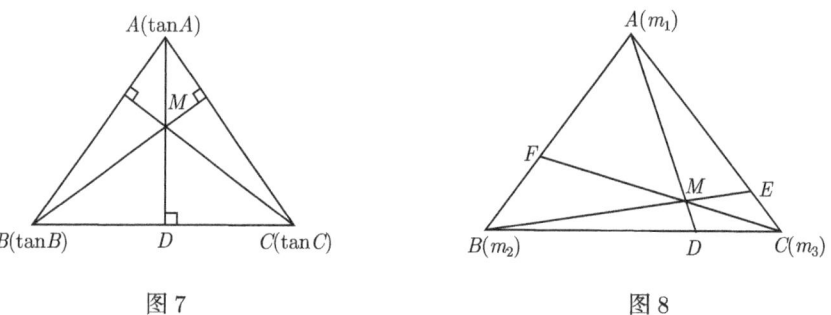

图 7 　　　　　　　　图 8

假若 AD、BE、CF 这三条直线交于一点, 我们来看 α、β、γ 之间有什么样的关系. 设想在顶点 A、B、C 处分别有质量 m_1、m_2 和 m_3, 我们总可以选择 m_1、m_2、m_3 使得 F 是质点 A、B 的重心, 同时 E 是质点 A、C 的重心, 即选择 m_1、m_2、m_3 使得

$$m_2 : m_1 = \gamma, \quad m_1 : m_3 = \beta.$$

所以, 显然整个质点系 A、B、C 的重心 M 应该在 BE 和 CF 的交点处, 既然直线 AD 也通过这个重心, 所以 D 一定是质点 B、C 的重心 (假若 B、C 的重心不是 D 而是另外一点 D', 那么整个质点系 A、B、C 的重心也就不在 AD 上, 而在 AD' 上了), 因此也应该有

$$m_3 : m_2 = \alpha.$$

所以, 如果 AD、BE、CF 交于一点 M, 那么

$$\alpha \cdot \beta \cdot \gamma = \frac{m_3}{m_2} \cdot \frac{m_1}{m_3} \cdot \frac{m_2}{m_1} = 1.$$

反过来，如果 $\alpha \cdot \beta \cdot \gamma = 1$, 我们总可以选择适当的 m_1、m_2、m_3, 作为 A、B、C 的质量，使得质点 B、C 的重心正好在 D, 质点 C、A 的重心正好在 E, 而同时质点 A、B 的重心也正好在 F $\left(\text{例如, 让 } m_1=1, m_2=\gamma, m_3=\dfrac{1}{\beta}\right)$. 因此整个质点系 A、B、C 的重心应该同时在 AD、BE、CF 这三条直线上, 可见这时 AD、BE、CF 交于一点. 这样, 我们就证明了三角形的西瓦 (Ceva) 定理：AD、BE、CF 交于一点的充分必要的条件是 $\alpha \cdot \beta \cdot \gamma = 1$.

从上面这些例子看来, 应用力学的重心概念不仅可以简化某些几何命题的证明, 很自然地得到所要的结论, 而且也能够自然而然地发现某些几何事实. 我们再举一例来说明如何利用重心概念来发现一个几何图形的性质.

设想在一个四面体 (图 9) 的四个顶点 A、B、C、D 处有相同的质量 m. 质点 A、B 的重心在线段 AB 的中点 M_{AB}; 质点 C、D 的重心在线段 CD 的中点 M_{CD}. 所以质点 $M_{AB}(2m)$ 和质点 $M_{CD}(2m)$ 的重心, 也就是整个质点系 A、B、C、D 的重心 M, 应该在线段 $M_{AB}M_{CD}$ 的中点. 同样, 这个重心 M 也应该在 BC 的中点 M_{BC} 和 AD 的中点 M_{AD} 的连线上, 也在 M_{AC} 和 M_{BD} 的连线上. 因此, 如果把 AB 和 CD 叫做对边, 那么, 我们就十分自然地看出：四面体的三双对边的中点连线相交在一点, 即四面体的重心.

我们也可以换一种方法来求这个重心 M (图 10). 质点 B、C、D 的重心 M_{BCD} 在三角形 BCD 的重心处, 即三条中线的交点. 因此整个质点系 A、B、C、D 的重心 M, 就在线段 AM_{BCD} 上, 即质点 $A(m)$ 和质点 $M_{BCD}(3m)$ 的重心所在处. 于是线段 AM 的长度等于 AM_{BCD} 的长度的 $\dfrac{3}{4}$. 同样, 这个重心也在线段 BM_{CDA}、CM_{DAB} 和 DM_{ABC} 上. 因此, AM_{BCD}、BM_{CDA}、CM_{DAB} 和 DM_{ABC} 这四个线段又应该相交在 M 这一点. 这样, 我们很自然地发现了上面所说的几何事实, 即四面体 $ABCD$ 共有七条上面所说的特殊线段相交在一点.

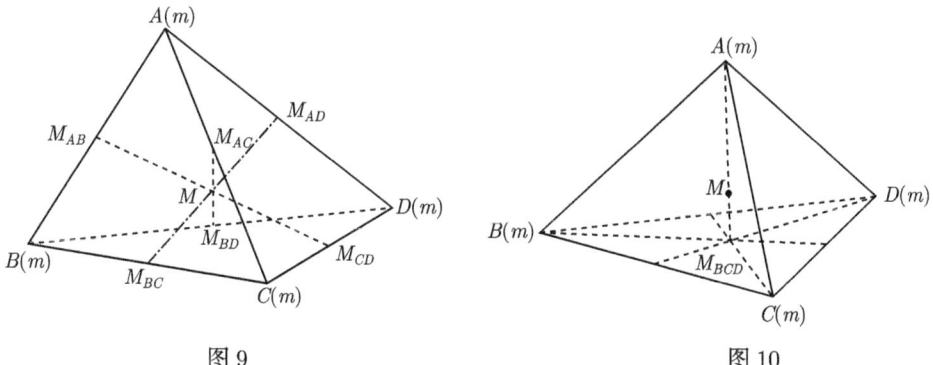

图 9　　　　　　　　图 10

对于四面体, 我们考虑了在各个顶点处质量分布相同的情形. 如果各个顶点处的质量各不相同, 我们又可以得到什么样的结论呢? 是否可以得到类似于三角形的西瓦定理那样的命题呢? 这个问题留给读者自己去解答.

2. 力系平衡概念的应用

力, 是造成运动改变的原因, 通常用一个箭头来表示: 箭头的方向表示力的作用方向, 箭头的起点表示力的作用点, 箭头的长短表示力的大小 (图 11). 可见, 一个力是由三个因素组成, 即力的方向、大小和作用点. 下面我们把一个力记为 a 并把它的大小记为 $|a|$.

我们设想用一条理想的绳来拉一个物体 (图 12), 只要使用的力一样大, 作用的方向一样, 那么不论这个力作用在绳上哪一点, 它所产生的效果总是一样的. 这个性质就是力的传递性. 力既然有传递性, 所以有时也可以不考虑力的作用点, 而只考虑力的方向和大小.

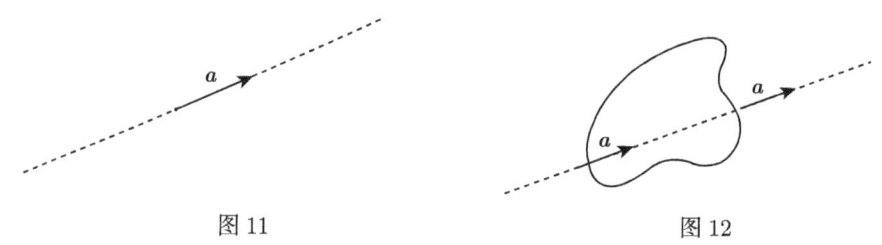

图 11　　　　　　　　　　图 12

现在设想有一物体受许多力的作用, 这些力构成一个力系. 这个力系对这物体所产生的总效果究竟怎样呢? 我们先考虑两个力, 它们作用在一点, 总的效果就像物体受单独一个力的作用一样, 这个力称为这二力的**合力**, 它的方向、大小可用下面这个几何方法求得: 在 a、b 的作用线相合时, 合力是很明显的; 假使不相合, 那么以力 a 和 b 为边的平行四边形的对角线就可代表这合力 $a+b$ 的大小和方向, 也就是力 a 和 b 的总效应 (图 13). 如果这两个力不交于一点, 但作用线交于一点, 那么可以把这两个力移到这个交点后, 再应用上述平行四边形法则来求得它们的合力. 如图 13 所示, 合力 $a+b$ 和力 a 作成的角是 β, 和力 b 作成的角是 α, 那么

$$\frac{|a|}{|b|} = \frac{\sin\alpha}{\sin\beta}.$$

如果一个平面上的二个力 a 和 b 的作用线平行, 它们的方向又相同 (图 14), 那么合力 $a+b$ 的作用线和这二力的作用线平行, 其间的距离 d_1 和 d_2 有下面的关系:

$$\frac{d_1}{d_2} = \frac{|b|}{|a|}.$$

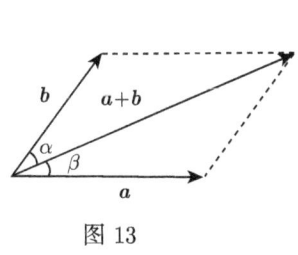

图 13

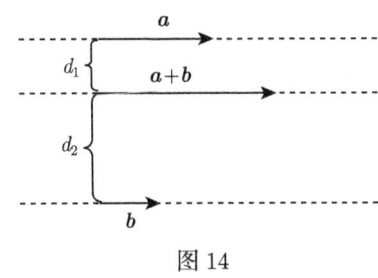

图 14

合力 $a+b$ 的方向也就是这二力的方向, 合力的大小是这二力大小的和:

$$|a+b| = |a| + |b|.$$

假如 a 和 b 的作用线平行, 但方向相反, 并且力 a、b 的大小不等 (图 15), 那么合力的作用线也和力 a、b 的作用线平行, 它跟这两条直线的距离 d_1 和 d_2 有下面这个关系:

$$\frac{d_1}{d_2} = \frac{|b|}{|a|}.$$

合力的方向是这二力中较大的一力的方向, 合力的大小是这二力大小的差:

$$|a+b| = ||a| - |b||.$$

假如力 a 和 b 的作用线平行, 方向相反, 并且力 a、b 的大小相等 (图 16), 那么这二力的总效应是一个旋转, 因此不能用一个单纯的力来代替. 这时候力 a、b 称为一个**力偶**.

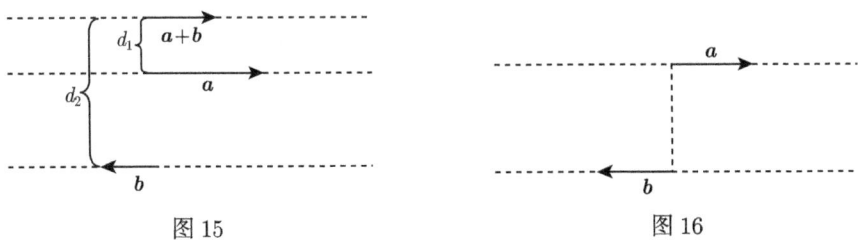

图 15　　　　　　　　　　图 16

因此, 对于由许多在同一平面上的力组成的一个平面力系, 我们总可以依次一个一个地加起来, 最后求得整个力系的总效应, 或者能够用一个单纯的力来代替, 或者它的总效应是一力偶.

如果一个力系的合力是零, 就是它的总效果对所作用的物体并无影响, 那么称这力系处在平衡状态. 例如在同一条作用线上的二力大小相等方向相反, 那么这二力成平衡. 三个力中二力的合力和第三力成平衡, 那么这三力也平衡. 我们有下面这个简单原理:

原理 1 平面三力成平衡,那么三力线或者平行,或者交于一点 (图 17).

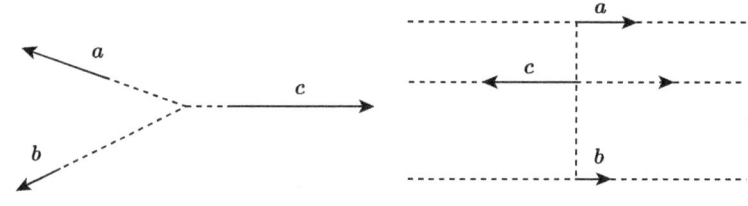

图 17

可以利用这个原理证明某三条不相平行的直线交于一点,只要能设法找到三个力成平衡,而它们的作用线就是要考虑的那三条直线。下面举些例子来说明这个原理的应用.

设想在三角形 ABC 的底边 BC 上有二力 a 和 a' 成平衡,在边 AC 上有二力 b 和 b' 成平衡,在边 AB 上也有二力 c 和 c' 成平衡 (图 18),因此整个力系处在平衡状态。再设各个力的大小都相等:

$$|a|=|b|=|c|=|a'|=|b'|=|c'| (\neq 0).$$

现在我们换一种方法来计算这力系的合力,如图 18 所示,力 b' 和力 c 的合力,用这二力所决定的平行四边形的对角线来表示。既然 $|b'|=|c|$,所以这条对角线也就是顶角 A 的平分线,即 $b'+c$ 的作用线是 A 角的平分线。同样,$a+c'$ 的作用线是 B 角的平分线,$a'+b$ 的作用线是 C 角的平分线。既然整个力系处于平衡状态,所以这三条作用线交于一点 (平行不可能,为什么?读者可自己考虑一下)。这样,利用力的平衡概念,很简单地证明了三角形三内角平分线交于一点.

将图 18 各个力的分布稍加变动,如图 19 所示,将力 a 和 a' 对调,也可以很自然地看出:三角形一内角的平分线和其余两外角的平分线交于一点.

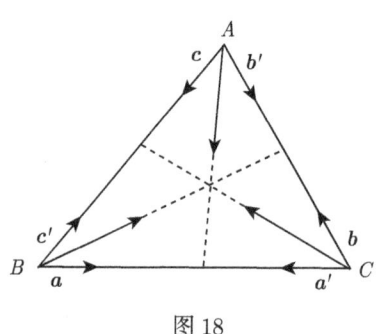

图 18

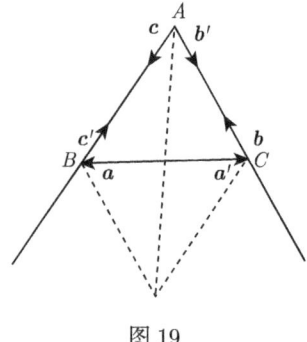

图 19

上面考虑的是假定所有各力的大小都相等的情形. 如果要使整个力系平衡, 只让每边上的二力大小相等也就可以了. 我们来看看在这种情形下, 又可以得到什么样的结论. 如图 20 所示, 如果通过顶点 A、B、C 的三条直线 AD、BE、CF 相交在一点, 那么总可以选择如图 20 上的力系, 使 $\boldsymbol{a}$、$\boldsymbol{c}'$ 的合力的作用线是 BE, 而 $\boldsymbol{a}'$、$\boldsymbol{b}$ 的合力作用线是 CF, 即使得

$$\frac{\sin\alpha}{\sin\gamma'} = \frac{|\boldsymbol{a}|}{|\boldsymbol{c}'|}, \quad \frac{\sin\beta}{\sin\alpha'} = \frac{|\boldsymbol{b}|}{|\boldsymbol{a}'|};$$
$$|\boldsymbol{a}| = |\boldsymbol{a}'|, \quad |\boldsymbol{b}| = |\boldsymbol{b}'|, \quad |\boldsymbol{c}| = |\boldsymbol{c}'|.$$

由于整个力系平衡, 所以力 $\boldsymbol{b}'$ 和 $\boldsymbol{c}$ 的合力作用线应该通过 BE 和 CF 的交点, 即 $\boldsymbol{b}'$ 和 $\boldsymbol{c}$ 的合力作用线是 AD, 因此也就有

$$\frac{\sin\gamma}{\sin\beta'} = \frac{|\boldsymbol{c}|}{|\boldsymbol{b}'|}.$$

从而

$$\frac{\sin\alpha}{\sin\gamma'} \cdot \frac{\sin\beta}{\sin\alpha'} \cdot \frac{\sin\gamma}{\sin\beta'} = \frac{|\boldsymbol{a}|}{|\boldsymbol{c}'|} \cdot \frac{|\boldsymbol{b}|}{|\boldsymbol{a}'|} \cdot \frac{|\boldsymbol{c}|}{|\boldsymbol{b}'|} = \frac{|\boldsymbol{a}|}{|\boldsymbol{c}|} \cdot \frac{|\boldsymbol{b}|}{|\boldsymbol{a}|} \cdot \frac{|\boldsymbol{c}|}{|\boldsymbol{b}|} = 1,$$

即

$$\frac{\sin\alpha}{\sin\gamma'} \cdot \frac{\sin\beta}{\sin\beta'} \cdot \frac{\sin\gamma}{\sin\gamma'} = 1.$$

反之, 假如这个条件满足, 那么总可以找到上面这种平衡力系, 使得

$$\frac{\sin\alpha}{\sin\gamma'} = \frac{|\boldsymbol{a}|}{|\boldsymbol{c}'|}, \quad \frac{\sin\beta}{\sin\alpha'} = \frac{|\boldsymbol{b}|}{|\boldsymbol{a}'|}, \quad \frac{\sin\gamma}{\sin\beta'} = \frac{|\boldsymbol{c}|}{|\boldsymbol{b}'|}.$$

因而三条合力作用线 AD、BE、CF 交于一点. 这个事实也称为三角形的西瓦定理, 它和前面所提到的西瓦定理事实上是等价的. 将图 20 的平衡力系稍加变动, 如图 21 所示, 也可得到类似的结果 (由于质量必须是正的, 所以这一情形不能利用质量概念来推出).

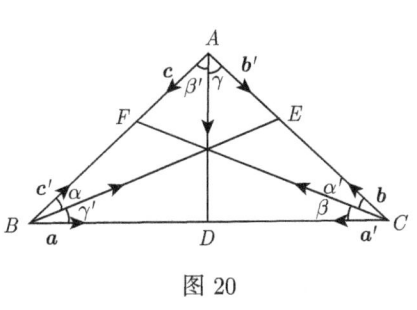

图 20

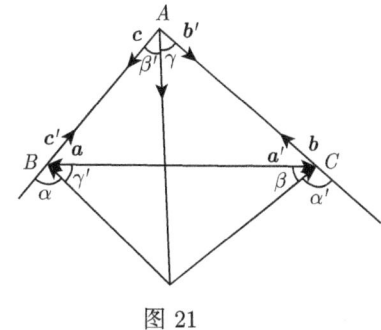

图 21

对于力系平衡概念，我们还有下面这个简单原理：

原理 2 假如平面力系有一不等于 0 的单纯合力，通过 A、B、C、$\cdots$ 各点，那么 A、B、C、$\cdots$ 在一直线上 (图 22)，即在这合力的作用线上.

这个原理可以用来证明某些几何图形某几点共线的命题，即考虑一力系，它的总效果就是它的合力通过这些点.

我们利用这个原理来证明：三角形二内角平分线和其余一外角平分线各和对边的交点在一直线上①. 如图 23 所示，在三角形 ABC 的三边 BC、CA 和 AB 各取一力 a、b、c，它们的大小相等：

$$|a| = |b| = |c| \; (\neq 0).$$

将力 b 和 c 移到顶点 A，由于它们的大小相等，合力 $b+c$ 的作用线是角 A 的平分线 AE. 既然力 a 的作用线是 BC，所以整个力系的合力 $a+b+c$ 应该通过 AE 和 BC 的交点，即合力 $a+b+c$ 通过点 E. 同样，先考虑 $a+b$ 或 $a+c$，也自然看出这个合力要通过角 C 的内角平分线 CF 和对边的交点 F，也通过角 B 的外角平分线 BD 和对边的交点 D. 既然合力 $a+b+c$ 通过 D、E、F 三点，并且显然 $\neq 0$，可见 D、E、F 在一直线上.

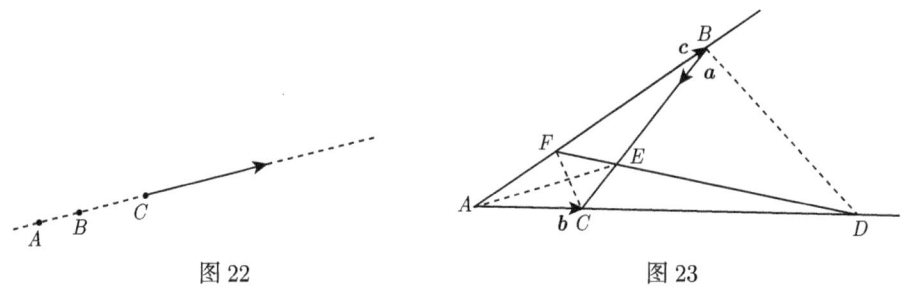

图 22　　　　　　　图 23

原理 2 不仅可以用来"证明"几点共线的几何命题，而且能够十分自然地"发现"这种命题. 假如，图 23 中的三力，如果大小不等，我们会得到什么样的结论呢？如图 24 所示，通过顶点 A、B、C 的三直线 AE、BD、CF，各和对边相交在 E、D、F 三点，它们和其余两邻边的夹角分别记为 $\gamma, \beta'; \alpha, \gamma'; \beta, \alpha'$. 我们总可以选择三个力 a、b、c，使得

$$\frac{\sin\beta}{\sin\alpha'} = \frac{|b|}{|a|}, \quad \frac{\sin\gamma}{\sin\beta'} = \frac{|c|}{|b|},$$

即 $a+b$ 的作用线是 CF，$b+c$ 的作用线是 AE. 因此整个力系的合力 $a+b+c$ 的作用线是直线 EF. 现在假如 E、F、D 三点在一直线上，即合力作用线 EF 通过

---

① 在这里和以后所举例中，我们都假定不出现平行的情形，虽然这个情形仍可作类似的考虑.

点 D, 由于力 b 通过点 D, 所以力 $a+c$ 也必须通过点 D, 即 BD 是力 $a+c$ 的作用线, 因此也有
$$\frac{\sin\alpha}{\sin\gamma'} = \frac{|a|}{|c|}.$$

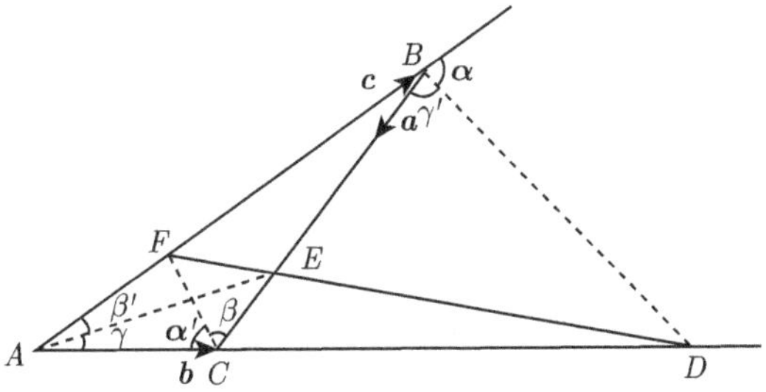

图 24

于是, 当 E、F、D 三点共线时,
$$\frac{\sin\alpha}{\sin\alpha'} \cdot \frac{\sin\beta}{\sin\beta'} \cdot \frac{\sin\gamma}{\sin\gamma'} = 1.$$

反过来, 假如这条件成立, 按照上面所取的力系 a、b、c, 自然也有
$$\frac{\sin\alpha}{\sin\gamma'} = \frac{|a|}{|c|},$$

即 $a+c$ 的作用线是 BD. 由此可见, E、F、D 三点共线. 我们从力系平衡概念出发得到的这个命题叫做三角形的美耐拉 (Menelaus) 定理.

由平面上四条直线 L_1、L_2、L_3、L_4 构成的图形叫做一个完全四边形 (图 25), 它有六个顶点 A_{12}, A_{34}; A_{13}, A_{24}; A_{14}, A_{23}, 其中 A_{12}, A_{34} 称为相对顶点, 等等. 它有四条边以及四个三角形. 在每一顶点处有两条角平分线, 互相垂直, 这些角平分线中有些三条交于一点, 即四个三角形的四个内心和 12 个傍心. 我们现在从力学考虑出发, 来看它还有什么别的几何性质. 我们在每一条直线上作一个力, a_1 在 L_1 上, a_2 在 L_2 上, 等等, 如图 25 所示. 这些力的大小都相等:
$$|a_1| = |a_2| = |a_3| = |a_4| \quad (\neq 0).$$

将力 a_1 和 a_2 移到顶点 A_{12}, 它们的合力作用线应当是在 A_{12} 处的一条角平分线. 再将 a_3 和 a_4 移到顶点 A_{34} 处, 它们的合力作用线又应当是在 A_{34} 处的一条角平分线. 因此整个力系的合力 $a_1+a_2+a_3+a_4$ 的作用线应该通过这两条角平分线的交点 E. 同样, 分别考虑合力 a_1+a_3 和 a_2+a_4 时, 整个力系的合力作用线也要通过顶点 A_{13} 处的一条角平分线和对顶点 A_{24} 处的一条角平分线的交点 F. 同样, 这条作用线也通过顶点 A_{14} 和 A_{23} 处两条角平分线的交点 G. 既然 $a_1+a_2+a_3+a_4$

的合力通过 E、F、G 这三点, 可见 E、F、G 在一条直线上. 于是, 我们从力学的考虑出发, 很自然地发现了完全四边形三双相对顶点处的角平分线的交点在一直线上. 像这样的直线一共有 8 条. 这个事实是到 19 世纪才发现的; 从几何的考虑出发, 证明却并不简单.

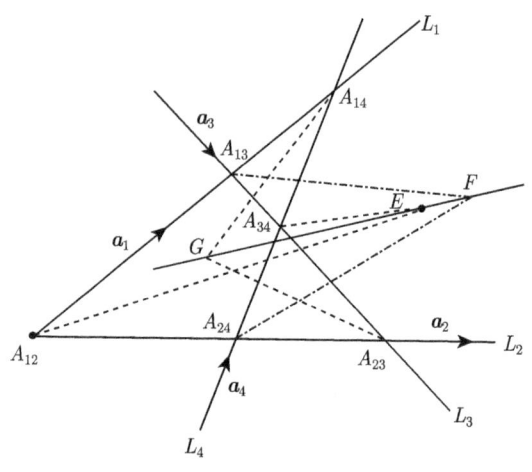

图 25

我们再利用原理 2 来证明有名的帕斯卡 (Pascal) 定理: 圆内接六边形三双对边延长线的交点在一直线上 (图 26). 在圆内接六边形中边 A_1A_2 和 A_4A_5 称为相对边, 它们的交点是 E, 相对边 A_2A_3 和 A_5A_6 的交点是 F, 而 A_3A_4 和 A_6A_1 的交点是 G. 帕斯卡发现 E、F、G 三点在一直线上, 在当时只是一种趣味性的结果, 意义并不很大, 但到 19 世纪却发现这个定理可以作为整个圆锥曲线的理论基础. 我们中学里的几何学主要是考虑几何图形的度量性质, 叫做欧几里得几何. 在 19 世纪中, 出现了一门新的几何学, 以研究图形的平直、相交等所谓投影性质为主, 叫做投影几何. 这一门几何学的创立、发展和奠定基础是 19 世纪不少主要几何学家专注工作的结果. 到 19 世纪末, 他们还发现整个投影几何可奠基在一些简单命题以及帕斯卡定理 (或跟它相当的定理) 之上, 而帕斯卡定理在这些命题里又占据着特殊位置. 因此, 在今天看来, 帕斯卡定理的意义就和发现时的情况完全不同了.

为了利用原理 2 来证明帕斯卡定理, 我们应该设法找出一个力系, 使它的合力通过 E、F、G 三点就行了. 在证明之前, 我们先来考虑一下, 如图 27 所示, 圆内接四边形 $A_1A_2A_3A_4$ 的每一边上各有一力, 在什么条件下, 这四个力成平衡? 合力 $a_{12}+a_{14}$ 的作用线通过 A_1, 合力 $a_{34}+a_{32}$ 的作用线通过 A_3. 因此, 假如要 a_{12}、a_{14}、a_{34}、a_{32} 平衡, 首先必须上面两个合力作用线重合, 即必须对角线 A_1A_3 同时是 $a_{12}+a_{14}$ 和 $a_{32}+a_{34}$ 的作用线. 因此有

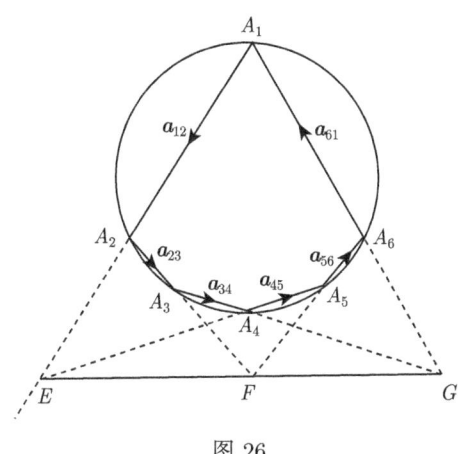
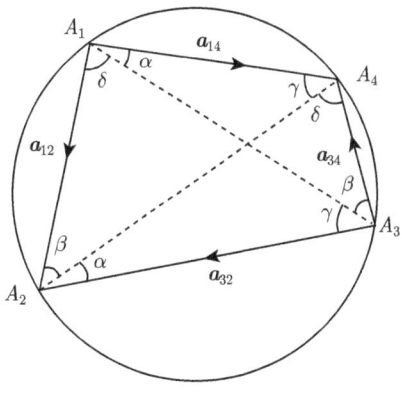

图 26   图 27

$$\frac{\sin\alpha}{\sin\delta} = \frac{|\boldsymbol{a}_{12}|}{|\boldsymbol{a}_{14}|}, \quad \frac{\sin\beta}{\sin\gamma} = \frac{|\boldsymbol{a}_{32}|}{|\boldsymbol{a}_{34}|}.$$

同样我们也有

$$\frac{\sin\gamma}{\sin\delta} = \frac{|\boldsymbol{a}_{34}|}{|\boldsymbol{a}_{14}|}, \quad \frac{\sin\alpha}{\sin\beta} = \frac{|\boldsymbol{a}_{12}|}{|\boldsymbol{a}_{32}|}.$$

按照正弦定理, 有

$$\frac{\sin\alpha}{\sin\delta} = \frac{A_3A_4}{A_2A_3},$$

所以

$$\frac{|\boldsymbol{a}_{12}|}{|\boldsymbol{a}_{14}|} = \frac{A_3A_4}{A_2A_3},$$

即

$$\frac{|\boldsymbol{a}_{12}|}{A_3A_4} = \frac{|\boldsymbol{a}_{14}|}{A_2A_3}.$$

同理可以得到

$$\frac{|\boldsymbol{a}_{12}|}{A_3A_4} = \frac{|\boldsymbol{a}_{34}|}{A_1A_2} = \frac{|\boldsymbol{a}_{32}|}{A_1A_4} = \frac{|\boldsymbol{a}_{14}|}{A_2A_3}.$$

可见, 要使力系 $\boldsymbol{a}_{12}$、$\boldsymbol{a}_{32}$、$\boldsymbol{a}_{34}$、$\boldsymbol{a}_{14}$ 平衡, 必须每一边上的力和对边长度的比是一常数. 反过来, 也容易验证, 假如这个条件满足, 力系也的确平衡.

根据上面所说的道理, 显然如在圆内接四边形的一双对边 A_1A_2 和 A_3A_4 上给了两个力 $\boldsymbol{a}_{12}$ 和 $\boldsymbol{a}_{34}$(图 28), 使得

$$\frac{|\boldsymbol{a}_{12}|}{A_3A_4} = \frac{|\boldsymbol{a}_{34}|}{A_1A_2},$$

那么, 总可以用另一双对边 A_1A_4 和 A_2A_3 上的两个力 $\boldsymbol{a}_{23}$ 和 $\boldsymbol{a}_{41}$ 去代替, 它们的大小和对边长度的比正好就是上面那个已知的比值, 即

$$\frac{|\boldsymbol{a}_{41}|}{A_2A_3} = \frac{|\boldsymbol{a}_{23}|}{A_1A_4} = \frac{|\boldsymbol{a}_{12}|}{A_3A_4} = \frac{|\boldsymbol{a}_{34}|}{A_1A_2}.$$

因此，这两个新的力和原来两个力的总的效果相同：

$$a_{23} + a_{41} = a_{12} + a_{34}.$$

现在来证明帕斯卡定理，如图 26 所示，我们在圆内接六边形的每一边上作一个力，设法选取这些力，使得整个力系的合力通过 E、F、G 三点．我们先考虑使合力通过点 E．力 a_{12} 和 a_{45} 既然分别在 A_1A_2 和 A_4A_5 上，所以 $a_{12}+a_{45}$ 自然通过 A_1A_2 和 A_4A_5 的交点 E，所以我们只须考虑如何选择其余四个力使它们的合力通过 E 即可．先看圆内接四边形 $A_1A_2A_3A_6$ 的对边 A_2A_3 和 A_1A_6 上的两个力 a_{23} 和 a_{61}．根据前面所说的道理，只要这两个力的大小和对边长度成正比，就可以用在另外一双对边 A_1A_2 和 A_3A_6 上的两个力 a'_{12} 和 a_{36} 去代替 (图 29)，使得

$$\frac{|a_{23}|}{A_6A_1} = \frac{|a_{61}|}{A_2A_3} = \frac{|a'_{12}|}{A_3A_6} = \frac{|a_{36}|}{A_1A_2}.$$

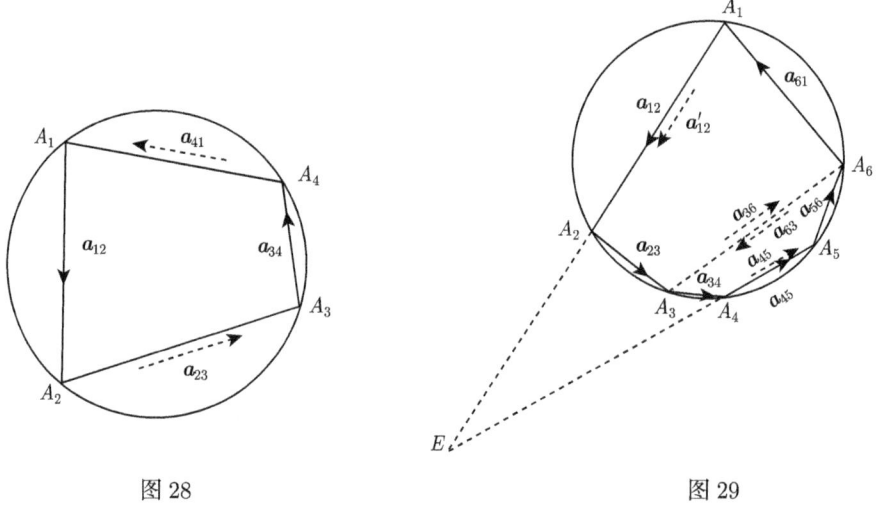

图 28　　　　　　　　　　　图 29

同样，四边形 $A_3A_4A_5A_6$ 的对边 A_3A_4 和 A_5A_6 上的两个力 a_{34} 和 a_{56} 的大小如果也和对边长度成正比，也可以用在另外一双对边 A_4A_5 和 A_3A_6 上的两个力 a'_{45} 和 a_{63} 去代替，使得

$$\frac{|a_{34}|}{A_5A_6} = \frac{|a_{56}|}{A_3A_4} = \frac{|a'_{45}|}{A_3A_6} = \frac{|a_{63}|}{A_4A_5}.$$

于是整个力系化成了 a_{12}、a'_{12}、a_{45}、a'_{45} 和 a_{36}、a_{63}，除了最后两个力外，其余各个力的作用线都通过点 E．因此如果我们能够选择圆内接六边形各边上的力，使得

$$\frac{|a_{23}|}{A_6A_1} = \frac{|a_{61}|}{A_2A_3}, \quad \frac{|a_{34}|}{A_5A_6} = \frac{|a_{56}|}{A_3A_4}, \quad |a_{36}| = |a_{63}|.$$

那么整个力系的合力必定通过点 E, 因为这时 a_{36} 和 a_{63} 大小相等、方向相反, 结果互相抵消.

同样, 再考虑要求合力通过 F、G 两点时, 又可得一系列确定各个力的条件:

$$(F) \quad \frac{|a_{12}|}{A_3A_4} = \frac{|a_{34}|}{A_1A_2}, \quad \frac{|a_{45}|}{A_6A_1} = \frac{|a_{61}|}{A_4A_5}, \quad |a_{14}| = |a_{41}|.$$

$$(G) \quad \frac{|a_{12}|}{A_5A_6} = \frac{|a_{56}|}{A_1A_2}, \quad \frac{|a_{23}|}{A_4A_5} = \frac{|a_{45}|}{A_2A_3}, \quad |a_{25}| = |a_{52}|.$$

从这些条件很容易看出, 我们应该选择各个力大小如下:

$$|a_{12}| = A_3A_4 \cdot A_5A_6,$$
$$|a_{23}| = A_4A_5 \cdot A_6A_1,$$
$$|a_{34}| = A_5A_6 \cdot A_1A_2,$$
$$|a_{45}| = A_6A_1 \cdot A_2A_3,$$
$$|a_{56}| = A_1A_2 \cdot A_3A_4,$$
$$|a_{61}| = A_2A_3 \cdot A_4A_5.$$

不难验证, 这样选出的各个力的确满足上面所有的条件, 因而整个力系的合力 (显然 $\neq 0$) 既经过 E, 也经过 F 和 G, 于是 E、F、G 在一条直线上.

这样通过力学的考虑, 很自然地证明了帕斯卡定理. 直线 EFG 称为圆内接六边形 $ABC\text{-}DEF$ 的一条帕斯卡线. 上面我们是考虑圆上六个点依次相连而得的内接六边形. 我们也可以考虑不依次相连而得的六边形, 这样的六边形一共有 60 个. 每个这样的六边形都相应有一条帕斯卡线, 所以共有 60 条帕斯卡线. 在图 30 中的六边形 $A_1A_2A_5A_4A_3A_6$ 的帕斯卡线是 PQR. 这些线所构成的图像曾为 19 世

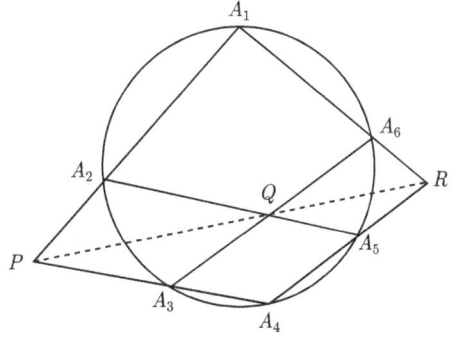

图 30

纪的许多几何学家所注意, 他们断断续续发现了不少有趣的性质, 例如这 60 条帕斯卡线, 依某一种组合, 三三交于一点, 称为施泰纳 (Steiner) 点, 这样的点有 20 个. 又依另一种组合, 也三三交于一点, 称为凯克门 (Kirkmann) 点, 这样的点有 60 个. 而每一个施泰纳点又和其他三个凯克门点在一条直线上, 这样的直线叫凯莱-雪尔门 (Cayley-Salmon) 线, 有 20 条, 这 20 条依某种组合, 又四四交于一点, 共有 15 个这样的点. 同样 20 个施泰纳点依某种组合, 又四四在一直线上, 这样的线也有 15

条,等等. 这些定理的证明固然不算很简单,而它们能够被"发现"更不容易,只要看这些定理的出现前后有四五十年之久,就可以想象到发现者们的劳动如何艰苦. 可是如果我们使用前面所说的力学方法,那么这些定理的证明和发现,就将几乎是轻而易举的事了.

我们所举的一些例子,多少是近于趣味性的,没有任何代表性,就像 60 条帕斯卡线所构成的图像那样,即使在几何学里面,也谈不上任何重要性. 我们的目的,只在说明几何学和力学之间的某种亲密关系,它们的帮助是相互的,力学对于几何学和数学其他分支的发生、发展起过巨大的刺激作用,过去是这样,将来还会是这样.

数学概况及其发展*

数学, 这门基础学科, 已经越来越渗透到各个领域, 成为各种科学技术、生产建设以至日常生活所不可缺少的有力武器. 在现代的科学技术中, 如果不借助数学, 不与数学发生关系, 就不可能达到应有的精确度与可靠性. 就科学来说, 数学又是通向一切科学大门的钥匙, 不仅所谓精确科学, 如物理学、化学等已越来越需要较深较多的数学, 甚至过去认为以描述为主, 与数学关系不大的生物学、经济学等, 也处于日益"数学化"的过程之中. 这正像马克思早就指出过的那样, "一种科学只有在成功地运用数学时, 才算达到了真正完善的地步".

数学研究的对象是现实世界中的数量关系与空间形式. 数与形, 这两个基本概念是整个数学的两大柱石. 整个数学就是围绕着这两个概念的提炼、演变与发展而发展着的. 数学在各个领域中千变万化的应用也是通过这两个概念而进行的. 社会的不断发展, 生产的不断提高, 为数学提供了无穷源泉与新颖课题, 促使数与形的概念不断深化, 由此推动了数学的不断前进, 在数学中形成了形形色色、多种多样的分支学科. 这不仅使数学这一学科日益壮大, 蔚为大成, 而且使数学的应用也越来越广泛与深入了.

我们将以数与形这两个概念为中心对数学的概貌先作一简单描述.

一、数学是研究数与形的科学

大体说来, 数学中研究数量关系或数的部分属于代数学的范畴. 研究空间形式或形的部分, 属于几何学的范畴. 此外, 数与形是有机联系而不是相互割裂的. 远古时代, 关于长度、面积、体积的量度, 我国宋元时代出现的几何代数化, 以及 17 世纪的解析几何, 把形与数这两个概念沟通了起来 (因而也把几何与代数这两者沟通了起来). 近代函数概念与微积分方法的出现, 在数学中形成了系统研究形、数关系的分析学, 成为近代数学中发展最迅速的部分. 几何、代数、分析三大类数学, 构成了整个数学的本体与核心. 在这一核心周围, 由于数学通过数与形这两个概念与其他领域的互相渗透而出现了许多边缘学科与交叉学科. 这是整个数学王国的一个总的轮廓.

先从数说起

最简单最基本的也是从远古时起人类就不得不与之打交道的数, 乃是正整数或

---

*本文摘自《现代科学技术简介》. 科学出版社, 1978.

自然数：

$$1, 2, 3, 4, 5, \cdots$$

在正整数之间有两种最简单的运算：加法与乘法. 研究整数之间的联系与规律的学问叫做数论. 从乘法产生了素数①的概念, 例如 $6(= 2 \times 3)$ 是非素数, 而 7 由于不能分解成两个比 7 更小的正整数的乘积而是素数 (1 不算素数). 正整数的一个基本性质是, 它总可以表示成若干个素数的乘积, 例如 $12 = 2^2 \times 3$, $18 = 2 \times 3^2$, $45 = 3^2 \times 5$ 等, 而且这种表示方法只有一种. 素数

$$2, 3, 5, 7, 11, 13, 17, 19, 23, \cdots$$

在整个正整数序列中的分布是极不规则的, 这个素数分布规律的探求产生了许多迄今没有解决的著名难题, 哥德巴赫 (Goldbach) 问题②就是其中之一. 这些难题反映了加法与乘法之间的矛盾, 用初等方法对这些问题是无能为力的. 微积分发明以后, 数学家们开始用所谓解析方法来研究数论, 开创了解析数论这一学科. 我国在哥德巴赫问题上的第一流成果, 就是用了解析方法而获得的.

19 世纪中, 数学家把整数概念大大扩大了. 例如, 我们可以考虑所有形如 $a+b\sqrt{2}$ 的数, 其中 a 和 b 则是通常的整数 (正、负或零), 称这些为 $\sqrt{2}$ 域中的"整数". 它们也可以相加、相乘, 因之也可以定义"素数". 可以证明任一 $\sqrt{2}$ 域中的"整数"基本上只有一种方法把它表示成若干个"素数"的乘积. 但如果考虑所有 $\sqrt{-5}$ 域中的"整数", 即形如 $a+b\sqrt{-5}$ 的数, a 和 b 仍是通常的整数, 情形就大不相同了. 例如, 21 与 9 就都有两种完全不同的方法表示成"素数"的乘积:

$$21 = 3 \cdot 7 = (1 + 2\sqrt{-5})(1 - 2\sqrt{-5}),$$
$$9 = 3^2 = (2 + \sqrt{-5})(2 - \sqrt{-5}).$$

数学家为了要克服这一困难, 创立了理想数或简称"理想"的理论, $\sqrt{2}$ 域与 $\sqrt{-5}$ 域也推广到了一般的代数数域, 这种域上整数的理论已发展成为一个当前很活跃的数学分支, 叫代数数论, "理想"也已成为现代抽象代数学中最基本的概念之一.

数的概念是不断发展的, 从整数出发, 人们逐步引进了分数、小数、正负数、无理数等概念而形成了实数系统. 由于解代数方程的需要, 又引入了虚数、复数而构成了复数系统. 这些实数 (或复数) 之间可以加、减、乘、除, 且这些运算遵守通常所谓交换、结合、分配等等规律. 数学家们把具有这些运算并满足这种规律的实数或复数全体, 称为实数域或复数域.

---

① 对于大于 1 的整数来说, 若除它本身与 1 之外再没有其他因子, 则称此数为素数.
② 哥德巴赫提出一个论断: "任何一个大于 4 的偶数均可表示为两个素数之和", 即 "$1+1$". 我国数学家陈景润同志已证明了: "大偶数均可表示为一个素数加不超过两个素数的乘积", 即 "$1+2$", 把这个论断的证明向前大大推进了一步.

随着数学的发展，人们又引进了与通常的数很不相同的量，但却具有与数相类似的运算. 例如, 在力学中力可表示成一个向量, 两个力 F_1、F_2 的合力是 F_3 时, 可以记作 $F_1 + F_2 = F_3$, 而这种加法也遵守交换律与结合律. 又如绕固定点 O 各作旋转 q_1、q_2, 如果先作旋转 q_1, 再作 q_2 所得是一绕 O 的旋转 q_3, 而先作 q_2, 次作 q_1 所得是绕点 O 的旋转 q_4, 就记作 $q_1 q_2 = q_3$ 与 $q_2 q_1 = q_4$. 一般说来, q_3 与 q_4, 是不同的旋转. 19 世纪时英国的数学力学家汉密尔顿把绕点 O 的旋转视作所谓"四元数". 在四元数间也可以相加、相乘, 但其乘法不遵守交换律, 即 $q_1 q_2 \neq q_2 q_1$.

正像旋转之被视为四元"数"那样, 许多在数学中陆续出现带有某种运算的事物, 如向量、张量、矩阵以至更抽象的元素, 都不妨视之为某种广义的"数". 这些"数"都以可以"运算"为其特征. 同时, 数学家也把研究重点逐渐从"数"的本身性质转移到"数"与"数"间的运算上面. 带有某种运算的"数"的集体统称为代数系统. 依据运算规律的不同而有各种不同的代数系统, 并具有种种各别的名称, 例如群、环、域以及环上的模, 与域上的代数, 等等.

由于群、环、代数等代数系统在数学中的广泛出现, 又由于各种理论与应用中出现的问题, 最后往往归结为某种代数系统的研究, 代数系统的一般理论发展成了分支繁多 (如群论、环论等) 的代数类数学, 或所谓近代抽象代数学, 它已成为整个数学最基本的工具之一.

再谈谈形

空间或几何形态是物质存在的躯体与外壳, 人类首先注意到的物体的几何形态是大、小、方、圆, 诸如长度、面积、体积、相似性等等, 它们由于生产上的直接需要而首先从丰富的实践经验总结上升成为理论. 在古代, 我国与希腊形成了都以度量性为主但各有内容特色的不同几何体系. 文艺复兴时期, 绘画与建筑的实践经验, 以及拿破仑时代军事上工程作图的需要, 图形平直透视一类性质的研究, 促成了另一种新的所谓投影几何学的出现. 它的研究几乎贯串了整个 19 世纪. 到了上一世纪晚期, 另一类几何性质——空间的连续性与连通性——开始受到了重视, 由于这些性质虽基本而隐晦, 因而不易被发现与处理, 只是由于科学的不断发展, 许多数学问题都导致空间这类性质的研究, 才在较近时期, 即 19、20 世纪之交, 形成了一门崭新的几何学分支——连续几何学或拓扑学. 它的蓬勃发展乃是本世纪数学的一个特色.

几何研究的对象与方法也有很大的变化. 例如, 以光滑曲面为对象, 通过引入弧线长度概念而建立了微分几何学. 以后又推广到高维的光滑流形, 并由于拓扑学的发展而开展了流形全局性或整体性的几何拓扑研究, 引进了各种示性类与示性数. 这些类与数已在最近被应用于磁单极与"基本"粒子等物理学的基本理论研究. 又如, 由于求解一般的多项式方程组, 开展了由这种方程组的解答所构成的空间,即所谓代数簇的研究，形成了所谓代数几何学这一分支．解析几何的出发点是，引进了坐标来表示点的位置．同样，对任一代数簇也可以引进坐标，这为代数几何的研究提供了一个有力的工具．除了研究光滑流形与代数簇这种特殊类型的空间（由于它们的特性得以应用发展较成熟的分析，即微积分方法与代数方法）的几何学以外，数学家又考虑了最一般的点的集体所构成的空间，研究它们的连续性质与度量性质，形成了所谓点集拓扑学与测度论这些分支学科．

数与形的联系

17 世纪是数学发展历史上一个划时代的新阶段的开始．这一时期，创立了解析几何，又出现了变量与函数的概念，把数学中的两大基本概念形与数紧密地联系在一起．所谓函数，即是定义在某些空间上的数量的分布．例如，在大气层中的压力、温度等等物理量的分布，即是定义在大气层空间上的压力函数、温度函数等等． 17 世纪通过用微分表达变化，与用积分表达积累，又创立了研究函数的变化与积累的微积分方法，使数学得到了一个认识自然的有力武器，面目为之一新．自然界的规律往往表现为某些物理量之间的变化与积累的相互制约关系，在数学形式上，则表现为定义在某些空间上的函数间的微分积分方程．举例来说，所谓气象预报，无非是根据过去一段时期，对各地压力、温度、降雨量等等的实测数据，以及表达气象变化规律的这些函数间的微分方程，用数学方法推算出今后一段时期内的这些函数数值，以预报气象特征而已．这种帮助认识自然，进而改造自然的普遍而有力的数学方法，使相应的一些数学分支，如函数论、微分方程、数学分析等成为三百多年来数学发展的主流，构成了庞大的分析一类数学，并由于要解决有关问题，而促使一些新的数学分支，如微分几何学、拓扑学、泛函分析、计算数学等的出现与迅速成长．

形与数这两者并不是互相割裂的，早在产生数学的萌芽时期，就通过长度、面积与体积的量度而把形与数联系了起来．我国宋元时期更系统地引进了几何代数化的方法，把一些几何特征用代数式来表达，几何关系则表达为代数式间的代数关系，成为解析几何的先驱，使空间形式的研究归结为较成熟也容易驾驭得多的数量关系的研究．在近代的数学中，这个方法原则也一直在使用着．例如，在拓扑学中，通过引进一些数（如贝蒂数）或代数系统（如同调群、同伦群等）来表达拓扑空间的连续性与连通性，然后用代数方法对这些数与代数系统进行分析而获得拓扑空间几何性质方面的信息．依据这种思想，在 19 世纪末开始建立起来的代数拓扑学，成为拓扑学中最有活力的分支，在本世纪中有着极大的发展，对整个数学也有不小的影响．

不仅几何学由于代数化而获得了有力的武器，而且代数学（以及分析学）也往往由于借用了几何术语，运用几何类比而得到了新的生命力，促进了它们的发展．例如, 早在 18 世纪中, 法国数学家拉格朗日就把时间因素作为与三个空间坐标并列的第四个坐标而引入了四维空间, 推动了力学的研究. 同样, 力学家与物理学家往往把各种物理参数作为不同坐标而引进了高维的相空间等概念, 使几何方法得以在物理学中发挥作用. 现代的相对论, 即在这种方法下与四维时空流形的几何学研究不可分离. 现代数学中还有一个常用的方法, 即把一个个函数看作一个个"点", 而把某类函数的全体看作一个"空间", 函数间的相异程度看作"点"之间的"距离", 由此得到了各种无穷维的函数空间. 一个微分积分方程组的求解, 往往归结为求相应函数空间中一个几何变换的不动点问题. 这样, 不仅分析的问题具有了几何"直观"的意义, 而且可以运用近代几何拓扑, 以至抽象代数学的有力方法. 由此在分析类数学中产生了泛函分析这一活跃的分支, 在现代自然科学甚至工程技术的应用中起着极其重要的作用.

数学发展中的边缘学科

几何、代数与分析等类的学科构成了数学的本体与核心. 随着数学本身的发展, 以及科学技术与生产实践对数学的新的要求, 在这一核心的周围又形成了许多外围学科与边缘学科. 例如, 客观世界中大量存在的随机现象的研究自 18 世纪以至近代逐渐形成了概率论、随机过程论与数理统计等随机类学科. 近几十年来, 由于现代生产与国防建设的需要, 对资源、设备和条件的合理使用与统筹规划, 形成了优选学、规划论、对策论、排队论等运筹类学科. 现代大工业要求对工程系统的操作能更可靠与更经济, 并能自动控制, 特别是由于航天技术等, 对控制系统高精度的要求, 出现了一门介于数学和工程之间的边缘学科控制论. 工程乃至生物中各种复杂的信息传递的研究, 推动了边缘学科信息论的诞生和发展. 大量应用数学问题的解决, 最终需要取得有一定精确度的数据而出现了各种具体的计算理论与计算方法, 由此促进了计算数学的发展并产生了一门数学——计算机科学的边缘学科. 数学与各种科学的相互渗透又出现了物理数学、生物数学与经济数学等交叉学科. 此外, 数学各基础学科间的相互渗透也在数学核心内部产生了各种综合性学科. 例如, 流形上几何、拓扑与微分方程的综合研究, 形成了一门新的分支"大范围分析", 随机函数的微分方程论研究, 又产生了概率论与分析学的综合性学科"随机微分方程论". 像这一类的综合性学科正在不断涌现.

另一面, 17 世纪以来由于解析几何与微积分这种强有力的新工具的出现, 数学家们忙于应用这些工具解决科学与技术中的一大堆问题, 并为新方法的成功所陶醉, 对于所依据的理论是否可靠, 基础是否扎实, 未遑遐顾. 到了 19 世纪, 数学家们已越来越感到谬误与正确杂陈的局面之无法容忍, 许多概念必须澄清, 数学也必须置于严密基础之上. 在这种形势下, 从 19 世纪中叶以来, 主要在一些德国数学家的倡导之下, 对数学进行了一场批判性的检查运动. 这场运动不仅使数学奠定了严实的基础,并产生了公理化方法,以及一些集合论、实变函数论、点集拓扑学、抽象代数学等新颖学科.特别是,数学推理本身的分析与形式化产生了一门影响巨大的学科——"数理逻辑".

此外,数学史料的征集与整理也被重视起来,出现了一些篇幅巨大的数学史著作.近年来,数学史已进入了对数学思想与方法的历史演变和分析批判的研究阶段.对中国古代的数学过去或付阙如、或多歪曲的情况,也已受到了重视,开始走上了正确理解与分析的时期.我国的数学工作者们,应该责无旁贷,把对我国数学史的研究重任担当起来.

这样,以几何、代数、分析等类学科为核心,以及围绕此核心周围的形形色色的许多学科错综复杂地交织在一起,成为数学王国的一幅宏大而绚丽的蓝图.

数学学科的盛衰兴替

当然,学科并不是一成不变的.随着时间的推移,新的学科不断产生,旧的学科却有时不免销声匿迹默默无闻.绵亘于整个 19 世纪的投影几何学,由于基本上已搞清楚而被作为档案搁置在图书馆的书架上.在本世纪 20 年代盛极一时的射影微分几何学,则由于后来发现意义不如预期而受到了冷落.在 19 世纪对代数与几何都极重要的不变式论这一学科,则其盛衰兴替已有几起几落.某些学科,如代数几何学,其面貌又经常在改变之中,诸家学说纷纭,从未获得定型.另一面,某些 18、19 世纪,甚至更悠久且已消逝的理论,却又重新被发掘出来,在新的观点、新的方法之下,成为现代数学中很活跃的研究课题.例如,一门作为微积分最早应用的古老学科"变分法",本来消沉已久,近一二十年来,却以另一种控制论的新面目,出现在技术领域中显得十分活跃.这两三百年来的不少经典著作,也被重新翻印和钻研之中.

然而,不管数学各个学科经历着怎样的分、合、改、变,也不管数学内部如何奔腾澎湃,数学王国的疆土总是在不断扩张之中,而且始终是由形与数两大基本概念所统治之下的"世袭"领土.伟大的革命导师恩格斯对数学所作出的"纯数学的对象是现实世界的空间形式和数量关系"的这一精辟刻画不仅是对数学过去的总结,也是对数学现状的忠实描绘,又是对数学未来发展的指导与准绳.

二、数学发展的未来

展望未来,数学科学丰富多彩的广阔天地之日新月异,似乎使数学不得不分成许多日益庞杂的分支,各分支间的联系,也有日益削弱的趋势.许多专家们往往只能偏处一隅之地,彼此很难相互了解.然而这只是数学发展过程中的现象,也只是事物的一个方面,随着数学的不断前进,也必然会不断出现更锐利的工具与更简单的方法,使数学不断更新,删繁就简,去粗存精. 在历史上,原来只能用天才式的艰难推理才能从事的初等几何学,通过我国宋元时代的几何代数化,与17世纪时的解析几何,已变得平淡无奇. 从有史以来直到17世纪包括解析几何与微积分为止的全部数学,不论岁月如何漫长,卷帙如何浩繁,内容如何丰富,基本上都已(或应已)压缩在十来年的中小学教科书中,这种现象也正在重复.

  为了要使庞大的数学知识变得简而且精,数学家们经常依据数学各领域间潜在的共性,提出统一数学各部分的新观点、新方法来. 例如,在19世纪后期,德国厄兰格的数学家克莱因提出用"群"的观点来统一当时杂乱的各种几何学的方案,迄今称为厄兰格计划. 本世纪20年代,美国伯克霍夫又提出了"格"的概念,以统一代数系统的各种理论与方法. 上一世纪与本世纪之交,出现了公理化运动,以公理系统作为数学统一的基础. 本世纪30年代,法国的一个数学学派布尔巴基,除了继承了公理化运动以外,又提出了结构概念,把数学的核心部分在这概念之下统一成一个整体,而依研究结构的异同来划分成不同领域. 与此大约同时,美国麦克莱恩与艾伦伯格又提出范畴与函子理论,数学的分门别类即以研究所属范畴为依据,以此作为统一数学的基础. 总之,各种不同学派,根据他们对数学的不同认识,提出了多种多样统一数学,以建立数学体系的不同方案来,其终极目的则大体上是相同的. 或许将来会出现一种新观点、新方法、新理论,把目前的数学统一起来. 但是,这种统一不是绝对的、静止不变的,而是暂时的、相对的,对立的斗争则是绝对的. 随着科学技术的不断发展和深入,以及各学科之间的相互渗透,将对数学提出大量的千差万异的新课题,使数学研究得更深入. 这些问题的解决,反过来又促使数学更进一步发展.

  对于数学未来发展具有决定性影响的一个不可估量的方面是计算机对数学带来的冲击. 在不久的将来,电子计算机之于数学家,势将与显微镜之于生物学家,望远镜之于天文学家那样不可或缺. 现在的计算机通过小型化而成为每个数学家的"囊中之物",这一设想势将成为现实,数学家们对这些前景必须有着足够的思想准备.

  除了一些人所共知的作用外,计算机还提供了一个有力工具使数学有可能像其他自然科学一样,跻身于科学实验的行列. 19世纪的数学家高斯,为了要发现整数性质的规律性,首先对各种特殊情况做大量艰苦的计算工作以为试探. 高斯关于整数论的一些著名定理,用他自己的话来说,就是通过这种"系统尝试法"而发现的. 现在这种手工业式的系统尝试可以用电子计算机来代替了. 美国数学家乌拉,为了要探讨应用中广泛出现,而现代数学又显得还无能为力的非线性现象,在电子计算机上进行试验,发现了一些规律,近几年来,在应用数学上的一个重大突破(所谓微分方程孤立子解的获得),就是首先在计算机的荧光屏上发现的.

计算机对数学的另一个重大作用乃是对数学研究作为脑力劳动在方式上带来的革新. 数学, 不论是学习还是创新, 最耗时费力的劳动, 往往消耗在定理的证明上, 而不是在真理的发明、发现上. 事实上, 一个定理即使对其证明在逻辑上经历了严格细致的逐步检验, 也无非是说明知道定理正确无误而已, 还不足说明真正"懂得"了这个定理. 自然, 证明是完全必要的, 证明的严密性也是完全必需的, 但更重要的应是定理之为何发明、如何发明、起何作用等这一类问题. 电子计算机已使人们从烦琐复杂而又十分单调的加减乘除的劳动中解放出来. 某些数学定理的证明, 完全可以借助于电子计算机来完成. 事实上, 某些或某类定理的证明, 可以避免通常虽简美但奥秘因而颇为艰难的方式, 而采用虽烦琐但刻板因而较为容易的方式. 换言之, 即使质的困难转化成量的复杂, 而后者对于电子计算机来说是轻而易举的, 因而得以使定理证明化难为易. 这样电子计算机就可以使人们从某些逻辑推理的脑力劳动中解放出来. 因而使数学家得以把聪明才智更多地用到真正创造性的工作上去, 这是当前数学发展中值得也是应该认真考虑的问题.

我国的数学有着悠久的历史与优良的传统, 本来位于世界的先列, 只是近几百年来才落后了.

解放以后, 我国数学的发展曾呈现一片兴旺景象, 出现了与国际先进水平的差距越来越小的势头. 但近几年来, 由于"四人帮"的严重干扰和破坏, 我国数学的发展大大落后于形势的需要.

在党中央向科学技术现代化进军的伟大号召下, 我国应急起直追, 不仅赶而且超, 在本世纪余下的 23 年内, 我国的数学工作者, 不仅应在数学上有所创造, 有所发明, 有所前进, 以丰富数学的内容, 拓展数学的领土, 增强数学的基础研究, 扩大数学的应用, 而且应以马列主义、毛泽东思想为指导, 以数学的渊博知识与深湛认识为基础, 提出我们自己的观点与方法, 建立几个具有我国特色的学派, 涌现出一批在国际上有影响的数学家, 为独立自主地解决社会主义建设中提出的数学问题, 为四个现代化作出较大的贡献. 这将是我国老、中、青数学家们所面临的一项十分艰巨而又十分光荣的历史任务.

关于教材的一点看法*

为了提高整个中华民族的科学文化水平，加速实现四个现代化的步伐，必须大幅度提高基础教育的质量．因此，把较高的基础知识有条件地适当地纳入较低的基础教材之内，已是一项提到教材改革日程上来的问题．不弃旧无以纳新，为了安排较新较高级的内容，某些陈旧的内容必须有所压缩，甚至从原来教材中淘汰出去，这也是无可非议的事．

这种教材上的弃旧纳新，在历史上并不是什么新鲜事．远的不谈，只就近几十年来的情况看，也可证明这一点．举几个例子：解放前的数学教材，初中一年级整整一年学的是算术，主要内容是鸡兔同笼一类的四则难题，解放后很早就一笔勾销，初中一年级就学代数．解放前的初等几何，往往在九点圆一类的难题、趣题上消耗不少精力，解放后也早已在课程中排除，让位于解析几何．这些改革，现在大家都承认是必要措施，很少人会提出异议了，但在当时绝不是顺顺当当的．

究竟纳什么新弃什么旧，纳又纳到什么程度，弃又弃到什么程度，则应根据具体情况作具体分析，郑重从事．相信教育界和数学界的同志，本着对我国人民与我国科学事业的负责精神，会各抒所见，提出切实可行合于实际的良好意见来．在这里，我愿抛砖引玉，说点自己的意见．我个人认为，初等微积分应该处于最优先考虑的地位，它的意义作用比之所谓集合矩阵之类重要得多，而且学起来对中学生并无多大困难．其次，还可考虑增加一些有关计算器使用的项目，这在国外的教学改革中，也已经成为不少中学新教材的必修内容了．

上面的意见，是对于较长期的改革来说的．在短期内，我们也不能不顾及某些现实情况．由于"四人帮"对教育的摧残和破坏，这些年来中学数学水平大大降低．对于正在中学就学的同学们来说，当务之急，还在于加强计算能力与逻辑推理等的基础训练，努力提高数学质量．宁可少些，但要好些．自然，长期与近期措施之间，并不是截然分开，而是可以并行不悖的．

数学教材一方面应有弃旧纳新的准备，另一方面也应注意必要的相对稳定性．科学发展日新月异，数学的创新也层出不穷．但教材毕竟与科学的创新不同．如果一味求新，而那些新的内容是不是能经得起时间的考验，往往很难预测．改得不好，会造成灾难．我们只能将已经历过较长时间的考验，并肯定有广泛应用前途的内容纳入新教材，而不能凭主观冒失从事，违背最起码的认识规律．例如，我们不能让学生在没有经过具体数字运算的基本训练的情况下，就来学习以文字代替数字的初等

---

* 本文摘自《光明日报》，1978 年 7 月 29 日．

代数或使用计算器. 同样, 不能在还没有掌握直线与圆的基础知识之前, 就学习几何的代数化与解析几何. 这些道理, 本来不言而明, 但国外某些数学教学改革却曾因违背这些常理而招致灾难性的后果, 不能不引以为戒.

数学的机械化 *

十六七世纪以来，人类历史上经历了一场史无前例的技术革命，出现了各种类型的机器，取代各种形式的体力劳动，使人类进入一个新时代. 几百年后的今天，正如敬爱的周总理早在 1956 年就指出的那样，电子计算机已可开始有条件地代替一部分特定的脑力劳动，因而人类已面临另一场更宏伟的技术革命，处在又一个新时代的前夕. 数学是一种典型的脑力劳动，它在这一场新的技术革命中，无疑将扮演一个重要的角色. 为了了解数学在当前这场革命中所扮演的角色，就应对机器的作用，以及作为数学的脑力劳动的方式，进行一定的分析.

一、什么是数学的机械化

不论是机器代替体力劳动，或是计算机代替某种脑力劳动，其所以成为可能，关键在于所需代替的劳动已经 "机械化"，也就是说已实现了刻板化或规格化. 正因为割麦、刈草、纺纱织布的动作已经是机械化刻板化了的，因而可据以造出割麦机、刈草机、纺纱机织布机来. 也正因为加减乘除开方等运算这一类脑力劳动，几千年来就已经是机械地刻板地进行的，才有可能使得 17 世纪的法国数学家巴斯喀，利用齿轮传动造出了第一台机械计算机——加法机，并由莱布尼茨改进成为也能进行乘法的机器. 数学问题的机械化，就要求在运算或证明过程中，每前进一步之后，都有一个确定的、必须选择的下一步，这样沿着一条有规律的、刻板的道路，一直达到结论.

在中小学数学的范围里，就有着不少已经机械化了的课题. 除了四则、开方等运算外，解线性联立方程组就是一个很好的例子. 在新编高中数学课本中，介绍了现代数学鼻祖高斯 (德国人，1777~1855) 解线性方程组的一种"消去法"，其求解过程是一个按一定程序进行的计算过程，也就是一种机械的、刻板的过程. 根据这一过程编成程序，由电子计算机付诸实施，就可以不仅机器化而且达到自动化，在几分钟内求出一个未知数多至上百个的线性方程组的解答，这在手工计算自然是不可能的. 如果用手工计算，即使是解只有三四个未知数的方程组，也将是烦琐而令人厌烦的. 现代化的国防、经济建设中，大量出现的例如网络一类的问题，往往可归结为求解很多未知数的线性方程组. 这使得已经机械化了的线性方程解法在四个现代化中起着一种重要作用.

---

* 本文摘自《百科知识》，1980.

即使是不专门研究数学的人们，也大都知道，数学的脑力劳动有两种主要形式：数值计算与定理证明（或许还应包括公式推导，但这终究是次要的）. 著名的数理逻辑学家美国洛克菲勒大学教授王浩先生在一篇《向机械化数学前进》的有名文章中，曾列举了这两种数学脑力劳动的若干不同之点. 我们可以简略而概括地把它们对比一下：

计算	证明
易	难
繁	简
刻板	灵活
枯燥	美妙

计算，如已经提到过的加减乘除开方与解线性方程组，其所以虽繁而易，根本原因正在于它已经机械化. 而证明的巧而难，是大家都深有体会的，其根本原因也正在于它并没有机械化. 例如，我们在中学初等几何定理的证明中，就经常要依靠诸如直观、洞察、经验，以及其他一些模糊不清的原则，去寻找捷径.

二、从证明的机械化到机器证明

一个值得提出的问题是：定理的证明是不是也能像计算那样机械化，因而把巧而难的证明，化为计算那样虽繁而易的劳动呢？事实上，这一证明机械化的设想，并不始自今日，它早就为 17 世纪时的大哲学家、大思想家和大数学家莱布尼茨所具有. 只是直到 19 世纪末，希尔伯特（德国数学家，1862~1943）等创立并发展了数理逻辑以来，这一设想才有了明确的数学形式. 又由于 40 年代电子计算机的出现，才使这一设想的实现有了现实可能性.

从本世纪二三十年代以来，数理逻辑学家们对于定理证明机械化的可能性，进行了大量的理论探讨，他们的结果大都是否定的. 例如哥德尔（Gödol）等人的一条著名定理就说，即使看来最简单的初等数论这一范围，它的定理证明的机械化也是不可能的. 另一面，1950 年波兰数学家塔斯基（Tarski）则证明了初等几何（以及初等代数）这一范围的定理证明，却是可以机械化的. 只是塔斯基的结果近于例外，在初等几何及初等代数以外的大量结果都是反面的，即机械化是不可能的.

1956 年以来美国开始了利用电子计算机做证明定理的尝试. 1959 年王浩先生设计了一个机械化方法，用计算机证明了罗素等著的《数学原理》这一经典著作中的几百条定理，只用了 9 分钟，在数学与数理逻辑学界引起了轰动. 有一时机器证明的前景似乎非常乐观. 例如 1958 年时就有人曾经预测：在 10 年之内计算机将发现并证明一个重要的数学新定理. 还有人认为，如果这样，则不仅许多著名哲学家与数学家如庇阿诺、怀特海、罗素、希尔伯特以及杜灵等人的梦想得以实现，而且计算将成为科学的皇后、人类的主人!

然而,事情的发展却并不如预期那样美好.尽管在1976年时,美国的哈肯等人,在高速计算机上用了1,200小时的计算时间,解决了数学家们100多年来所未能解决的一个著名难题——四色问题[①],因此而轰动一时,但是,这只能说明计算机作为定理证明的辅助工具有着巨大潜力,还不能认为这样的证明就是一种真正的机器证明.用王浩先生的说法,哈肯等关于四色定理的证明是一种使用计算机的特例机证,它只适用于四色这一特殊的定理,这与所谓基础机器证明之能适用于一类定理者有别.后者才真正体现了机械化定理证明,进而实现机器证明的实质.另一面,在真正的机械化证明方面,虽然塔斯基在理论上早已证明了初等几何的定理证明是能机械化的,还提出了据以造判定机也即是证明机的设想,但实际上他们的机械化方法非常繁,繁到不可收拾,因而远远不是切实可行的.1976年时,美国做了许多在计算机上证明定理的实验,在塔斯基的初等几何范围内,用计算机所能证明的只是一些近于同义反复的"儿戏式"的"定理".因此,有些专家曾经发出过这样悲观的论调:如果专依靠机器,则再过100年也未必能证明出多少有意义的新定理来.

三、一条切实可行的道路

1976年冬,正值"四人帮"垮台之际,我们开始了定理证明机械化的研究.1977年春取得了初步成果,证明初等几何主要一类定理的证明可以机械化.在理论上说来,我们的结果已包括在塔斯基的定理之中.但与塔斯基的结果不同,我们的机械化方法是切实可行的,即使用手算,也可以证明一些艰深的定理.

我们的方法主要分两步,第一步是引进坐标,然后把需证定理中的假设与终结部分都用坐标间的代数关系来表示.我们所考虑的定理局限于这些代数关系都是多项式等式关系的范围,例如平行、垂直、相交、距离等关系都是如此.这一步可以叫做几何的代数化.第二步是通过代表假设的多项式关系把终结多项式中的坐标逐个消去,如果消去的结果为零,即表明定理正确,否则再作进一步检查.这一步完全是代数的,即用多项式的消元法来验证.

上述两步都可以机械与刻板地进行.根据我们的机械化方法编成程序,以在计算机上实现机器证明,并无实质上的困难.事实上数学所某些同志以及国外的王浩先生都曾在计算机上试行过.我们自己也曾在国产的长城203台式机上证明了像西姆森线[②]那样不算简单的定理.1978年初,我们又证明了初等微分几何中主要

[①] 1852年英国人格斯里克(Guthric)提出的猜测:就地图着色而言,四色是足够的.也就是说,对于任何一幅地图着色,只需四种颜色,就足以使得所有相邻地区的颜色不致重复.

[②] 从圆周上任一点向圆内接三角形的三条边做垂线,三垂足必在一条直线上,这条直线叫西姆森线,这条定理叫西姆森定理.

的一类定理证明也可以机械化.而且这种机械化方法也是切实可行的,并据此用手算证明了不算简单的一些定理.

从我们的工作中可以看出,定理的机械化证明,往往极度繁复,与通常既简且妙的证明形成对照,这种以量的复杂来换取质的困难,正是利用计算机所需要的.

在电子计算机如此发展的今天,把我们的机械化方法在计算机上实现不仅不难,而且有一台微型的台式机也就够了.就像我们曾经使用过的长城203,它的存数最多只能到234个10进位的12位数,就已能用以证明西姆森线那样的定理.目前内存简单的所谓个人用微型机,已到32K以至64K字节.稍高级的已到256K以至400多K字节,而且随着超大规模集成电路与其他技术的出现与改进,微型机将愈来愈小型化而内存却愈来愈大,功能愈来愈多,自动化的程度也愈来愈高.用不着到20世纪末,这一类方便的小型机器就可为广大群众普遍使用.它们不仅将成为证明一些不很简单的定理的武器,而且还可用以发现并证明一些艰深的定理,而这种定理的发现与证明,在数学研究手工业式的过去,将是不可想象的.

应该指出,目前我们所能证明的定理,局限于已经发现的机械化方法的范围,例如初等几何与初等微分几何之内.而如何超出与扩大这些机械化的范围,则是今后需要探索的长期的理论性工作.

四、历史的启示与未来的技术革命

作为结束,我们提出几点看法.

首先,成功的机械化方法并非始自这几年.约在一年以前,我们发现早在1899年出版的希尔伯特的经典名著《几何基础》中,就有着一条真正的正面的机械化定理:初等几何中只涉及从属与平行关系的定理证明可以机械化.当然,原来的叙述并不是以机械化的语言来表达的,也许就连希尔伯特本人也并没有对这一定理的机械化意义有明确的认识,自然更不见得有其他人提到过这一定理的机械化内容.希尔伯特这一名著是以公理化的典范而著称于世的,但我认为,该书更重要之处,是在于提供了一条从公理化出发,通过代数化以到达机械化的道路.自然,处于希尔伯特以及其后数学的一张纸一支笔的手工作业时代里,公理化的思想与方法得到足够的重视与充分的发展,而机械化的方向与意义受到数学家的忽视是完全可以理解的.但在电子计算机已日益普及,因而繁琐而重复的大量计算已成为不足道的现代,机械化的思想应比公理化思想受到更大重视,似乎是合乎实际的.

其次应该着重指出,我们从事机械化定理证明工作获得成果之前,对塔斯基的已有工作并无接触,更没有想到希尔伯特的《几何基础》会与机械化有任何关系.我们是在中国古代数学的启发之下提出问题并想出解决办法来的.

说起来道理也很简单：中国的古代数学基本上是一种机械化的数学．四则运算与开方的机械化算法由来已久．汉初完成的《九章算术》中，对开平、立方的机械化过程，就有详细说明，到宋代更发展到高次代数方程求数值解的机械化算法．在《九章算术》中还有着各种线性联立方程组的问题与解法以及正负数的概念，在魏晋时刘徽的《九章算术》注中，说明了几种机械的消去法及其详细的机械化算法过程．把刘注的说明列成图表，即与前面所提到的中学课本中所列高斯消去法的那些图表无异，宋代秦九韶《数书九章》中，更有着颇为繁复的算题与详细图表．沈康身同志所著的《中国数学史略》，在这方面做了详细介绍．

在宋元时代，我国就创立了"天元术"，引进了天元，以及天元、地元、人元、物元等相当于现代未知数的概念，把许多问题特别是几何问题转化成代数方程与方程组的求解问题．这一方法用于几何可称为几何的代数化．12 世纪的刘益将新法与"古法"比较，称"省功数倍"．与之相伴而生，又引进了相当于现代多项式的概念，建立了多项式的运算法则和消元法的有关代数工具，使几何代数化的方法得到了有系统的发展，具见于宋元时代幸以保存至今的杨辉、李冶、朱世杰的许多著作之中．几何的代数化是解析几何的前身，这些创造使我国古代数学达到了又一个高峰．可以说，当时我国已到达了解析几何与微积分的大门，具备了创立这些数学关键领域的条件，但是各种原因使我们数学的雄伟步伐就在这些大门之前停顿下来．几百年的停顿，使我们这个古代的数学大国在近代变成了数学上的纯粹入超国家．然而，我国古代机械化与代数化的光辉思想和伟大成就是无法磨灭的．作者本人关于数学机械化的研究工作，就是在这些思想与成就启发之下的产物，它是我国自《九章算术》以迄宋元时期数学的直接继承．

恩格斯曾经指出，枪炮的出现消除了体力上的差别，使中世纪的骑士阶级从此销声匿迹，为欧洲从封建时代进入到资本主义时代准备了条件．近年有些计算机科学家指出，个人用计算机的出现，其冲击作用可与枪炮的出现相比．枪炮使人们在体力上难分强弱，而个人用计算机将使人们在智力上难分聪明愚鲁．又有人对数学的未来提出看法，认为计算机的出现，将使数学现在一张纸一支笔的方法，在历史的长河中，无异于石器时代的工业方法．今天的数学家们，不得不面对计算机的挑战，但是，也不必妄自菲薄．大量繁复的事情交给计算机去做了，人脑将仍然从事富有创造性的劳动．

我国在体力劳动的机械化革命中曾经掉队，以致造成现在的落后状态．在当前新的一场脑力劳动的机械化革命中，我们不能重蹈覆辙．数学是一种典型的脑力劳动，它的机械化有着许多其他类型脑力劳动所不及的有利条件．周总理的遗愿，我国古代数学的光辉，都鼓舞着我们为实现数学的机械化，在某种意义上也可以说是真正的现代化而勇往直前．

复兴构造性的数学 *

非构造性观点在现代数学研究中普遍流行. 这种观点往往主要考虑对象的一些性质, 如存在性、可能性等问题, 不大关心如何求出解答或将能行的方法予以有效的实现. 应用上对构造性数学要求更为迫切. 一个工程师对于方程解的存在唯一性不会有太多的注意, 而更关心一些典型的特解, 或利用微扰方法找出近似解. 机器定理证明向数学提出许多构造性的问题, 例如将代数簇如何分成不可约分支, 把一正定多元多项式如何表示成为有理函数的平方和等. 这些问题在非构造性观点下被搁置多年, 目前尚无有效的处理方法. 历史上, 中国古代数学基本上是构造性的. 在西方, 非构造性观点从上世纪末才逐渐盛行. 实际研究中有许多问题, 一时难以给出构造性的处理, 因而首先研究存在性、可能性等有关问题, 但最终应是构造性的. 值得注意的是, 近来由于各种原因的促进, 构造性观点的抬头有了一些明显趋势.

举一些例子.

例 1. 线性联立方程组. 按非构造性的观点, 仅考虑有没有解、解空间的性质等, 构造性观点还要求给出求解方法. 五十年代计算机的发展促使人们认真考虑这一问题. Cramer 办法形式漂亮, 实际上并不可行. Gauss 消去法才是行之有效的. 在中国, 很早就出现完整的消去法. 于 50~100B.C. 成书的《九章算术》卷八方程术中就详细记述了这种方法. 其中列举了若干例题, 第一问完整地给出了方法的步骤, 其他各问则指出了不同的要点, 其中已出现正负数的概念. 近来, 我们用机器证明中的整序原理, 对高次联立方程组提出类似的三角算法.

例 2. 方程论. 其中代数基本定理非常重要, 但它是非构造性的. 进一步地给出求解方法按照 Galois 理论就必须有限制, 只能求近似解. 局限在实数范围内西方在十九世纪有 Horner 方法. 中国发展到宋代, 秦九韶 (1247 年) 已提出完整的增乘开方法. 近几年 Smale、Kuhn 等人分别根据前人的工作创造了一些方法, 进一步提出概率可行性、同伦算法等概念, 对算法的效率提出较满意的分析.

上面提到的 Galois 理论也是非构造性的. 一般的高次 ($n \geqslant 5$) 方程若仅用加减乘除、开根号等运算是不可解的, 因为对应的 Galois 群不可解. 但是并没有有效的方法求 Galois 群. 给了一个高次方程, 我们还是无从知道它是否可解. 从另一角度看, 如果扩大求解的工具 (例如包含椭圆函数等), 五次方程就可解. 可见 Galois 理论本身还有很多问题.

---

* 本文摘自《数学进展》, 1985, 14(4): 334-339.

例 3. 因式分解. 看起来这好像是个简单问题. 按非构造性的观点 (或通常代数书中所写的), 只考虑把整数环推广成一种唯一因子分解环 (UFD), 再研究 UFD 的一些性质 (如 UFD 的多项式环仍是 UFD 等), 可是对具体的环如何进行分解就不管了. 近十年来由于计算机的影响, 这问题重新引起注意, 提出许多方法, 效率并不高.

例 4. 代数几何. 这是目前非常活跃的领域, 有相当多的流派与方法, 可是除了 J.F.Ritt 的以外, 基本上都是非构造性的. 例如他们一开始就假定代数簇分解为不可分的或不可约的分支, 然后研究不可约分支的几何性质等等. 一种简单、重要的情形是由一些多项式方程定义的代数簇:

$$\begin{cases} f_1(x_1,\cdots,x_n) = 0 \\ \cdots\cdots\cdots \\ f_r(x_1,\cdots,x_n) = 0 \end{cases}$$

可是对这种代数簇如何分解成不可约分支并没有引起注意, 研究中给出的不可约判别法并不实用.

在西方, 数学研究的一个转折点是不变式论. 在此以前的数学是构造性的. 而且当时要求必须如此, 要证明存在就必须同时给出求法. 这当然是一种束缚. 不变式的研究曾是十九世纪数学的中心课题之一, 在几何研究中非常重要. 例如在投影几何中, 取齐次坐标 (x,y), 考虑 n 个点, 一般用 n 次式子 $\sum a_i x^i y^{\lambda-i} = 0$ 表达. 由 n 个点 (或 a_i) 可以造出一些式子, 其中有几何意义的应当在线性替换下不变或者相差一个因子, 这种式子就是所谓不变式. 不变式可以有很多个. 例如若 I_1, I_2 是, 则 $I_1^2, I_1^2 + I_2^2$ 也是. 一个基本问题是能否找出有限个不变式, 使得其他的都可以通过多项式表示出来. 当时的研究是通过大量的计算, Gordan 彻底地解决了两个变数的情形. 对三个或更多个变数问题变得非常复杂、困难. 到了 Hilbert 手里, 相当简洁地证明了有限基的存在性. 当时的构造性观点感到难以接受. 后来, Hilbert 也给出了如何求的方法[①]. 不变式研究因为过于繁难沉寂下来, 但是数学不能回避这种重要问题, 如 Dieudonné 所说:" 不变式论像只不死鸟, 屡次从灰烬中复生."(见其 *Invariant Theory, Old and New.* Academic Press, Inc., 1970). 现在又开始有了新的研究. 例如借助于计算机, 可以期望将十九世纪不变式的计算推进一步, 不变式论也会有更广泛的应用 (如 Mumford 在 *Geometric Invariant Theory* 中用此求解代数曲线的模空间问题). 最近, 在 *Bull of AMS*, Vol 10(1984).No.1 上有介绍十九世纪不变式论的长篇文章, 提出了许多问题. 一些十九世纪有关的书又予以重印. 这也

---

① 尽管 Hilbert 是公理化的代表人物, 他的许多工作是构造性的. 如机器证明的想法由 Hilbert 数理逻辑的工作开始具体化, 对只满足从属、平行关系的纯交点型定理, 他实际上给出机械化的算法, 现命名为 Hilbert 机械化定理.

是构造性数学抬头的一个迹象.

前面提到,中国古代创造了方程术、增乘开方法等构造性的方法,它的数学基本上是构造性的. 作者从事几何机器证明的研究就是在中国古代数学的启发下提出问题并想出解决办法的. 继承中国的数学遗产的远景相当开阔,有待后人作长时间的努力. 下面以中国剩余定理为例,说明构造性与非构造性方法的区别,特别看一看流传下来的中国的方法.

中国剩余定理:若 $m_1, \cdots, m_r$ 互素,$u_1, \cdots, u_r$ 已知,则存在唯一的 $u \in [0, m_1 \cdots m_r)$ 使
$$u \equiv u_j (\bmod m_j) \quad j = 1, 2, \cdots, r.$$

非构造性证明[①]:唯一性没有问题,看存在性.

作映射:
$$[0, m_1 \cdots m_r) \to Z_{m_1} \oplus \cdots \oplus Z_{m_r}$$
$$v_1 \to (v(\bmod m_1, \cdots, v(\bmod m_r)).$$

映射是单的,两边都有 $M = m_1 m_2 \cdots m_r$ 个元素,因而两边是一一对应,证得存在性.

这是个很漂亮的证明,但是 v 无从知道. 构造性证明[②]:先求出 N_j,使
$$N_j \equiv \begin{cases} 1 & (\bmod m_j) \\ 0 & (\bmod m_k) \quad j \neq k. \end{cases}$$

$u_1 N_1 + u_2 N_2 + \cdots + u_r N_r$ 对 M 的余数就是解.

据 Euler 定理,可取
$$N_j \equiv (m_1 \cdots \hat{m}_j \cdots m_r)^{\varphi(m_j)} \equiv 1 (\bmod m_j),$$

$\varphi(m_j)$ 是 Euler 函数,它等于 $(0, m_j)$ 中与 m_j 互素的整数的个数,能够计算出来.

这个定理来自中国,早在《孙子算经》中已有此类问题,到秦九韶《数书九章》中成型,谓之"大衍求一术". 所谓求一,就是上面求 N_j. "大衍"隐指天意或自然规律. 一次同余式问题的解法是适应予天文学家修改历法的要求而产生的. 秦九韶称"圣有大衍,微寓于《易》". 将其赋于一种神秘色彩. 实际上,问题来源于天文. 中国古代历法不像现在公历定耶稣诞生那一年为元年,而主要是根据日月运行的客观现象制定的. 古代天文学家假设在远古时代有一年的冬至节气恰恰在甲子日的上

---

① 参见《钱宝琮科学史论文集》P536-537.
② 这两个证明引自 Knuth. *Arts of Programming*, vol 2.

午零时, 并且日月合朔也与冬至节气一个时刻①. 有这么一天的年度称为上元. 从上元到本年经过的年数称为上元积年. 一个历法有了上元积年以后, 任何一年的冬至节气的日名、时刻, 与任何一月平朔的日名、时刻都很容易安排出来了. 在既知本年冬至的日名 (平支)、时刻和十一月平朔的日名、时刻的条件下, 推算这一年的上元积年是一个一次同余式问题. 设 a 为一回归年 (从冬至到冬至) 日数, R_1 为从本年冬至前的甲子日零时到冬至时的日数, b 为一朔望月 (从平朔到平朔) 的日数, R_2 为从十一月平朔时到冬至时的日数, 那么上元积年满足下列同余式组:

$$aN \equiv R_1 (\mathrm{mod}\ 60)$$
$$\equiv R_2 (\mathrm{mod}\ b).$$

古代著书的方式是先给出具体的问题 (问), 和解答 (答), 然后指出求解方法 (术). 后人还可将体会与发展 (包括证明) 写进去 (注). 到了宋代, 出现了印刷术, 秦九韶还加了 "草", 以说明详细的计算过程.

秦九韶的方法:

为求 N_j, 先找 k_j 使

$$k_j m_1 \cdots \hat{m}_j \cdots m_r \equiv 1 (\mathrm{mod}\ m_j).$$

则取 $N_j \equiv k_j m_1 \cdots \hat{m}_j \cdots m_r$ 即可.

兹举《数书九章》大衍类最后一道题 "余米推数" 如下.

问: 有米铺, 诉被盗去米一般三箩, 皆适满, 不计细数. 今左壁箩剩一合, 中间箩剩一升四合, 右壁箩剩一合. 后获贼, 系甲乙丙三名. 甲称当夜摸得马杓, 在左壁箩, 满舀入布袋, 乙称踢着木履, 在中箩, 舀入袋. 丙称摸到漆椀, 在右壁箩, 舀入袋, 将归食用. 日久不知数. 索到之日, 马杓满容一升九合, 木履容一升七合, 漆椀容一升二合. 欲知所失米数, 计赃结断三盗各几何.

问题归于解三元一次同余方程组.

已知:

剩米 $= u_j = 1, 14, 1$(合)

器容 $= m_j = 19, 17, 12$(合)

求: 每箩米$=u \equiv u_j (\mathrm{mod}\ m_j)$

术曰: 以大衍求之.

---

① 参见《钱宝琮科学史论文集》P536-537.

列三器所容, 为元数;	元数 (= 器容)
连环求等, 约为定母;	定母 (= m_j)
(辗转相除求公因子)	
以相乘, 为衍母.	衍母 $M = \Pi m_k$
以定各约衍母, 得衍数,	衍数 $M_j = M/m_j = m_1 \cdots \hat{m}_j \cdots m_r$
各满定母, 去之, 得奇,	奇数 =Rem(衍数/定母)= Rem(M_j/m_j)
	(上式表示 M_j 对 m_j 求余数).
以奇定, 用大衍, 求得乘率.	乘率 = k_j, 用大衍求之.
以乘衍数, 得用数.	$\quad k_j *$ 奇数 $\equiv 1 \mod$ 定母
次以剩米乘用.	用数 N_j = 乘率 * 衍数 = $k_j M_j$
并之, 为总.	剩米 = u_j
	总数 = $\Sigma u_j N_j = \Sigma$ 剩米 * 用数
满衍母, 去之, 不满, 为每笋米.	每笋米 =Rem(总数/衍母)
各以剩米减之, 余为甲乙丙盗米.	盗米 = 每笋米 − 剩米
并之为共失米.	失米 = Σ 盗米

这种方法可用于 $m_1, \cdots, m_r$ 有公因子的情形. 而此时西方的方法失效.
本题具体数字如下:

元 数		19 17 12
定母 m_j		19 17 12
衍母	$M = \Pi m_j$	$19 \times 17 \times 12 = 3876$
衍数	$M_j = M/m_j$	204 228 323
奇数	Rem(M_j/m_j)	14 7 11
乘率	(用大衍)k_j	15 5 11
		($k_j *$ Rem(M_j/m_j) $\equiv 1 \mod m_j$)
用数	$N_j = k_j M_j$	3060 1140 3553
剩米	u_j	1 14 1
总 = Σ 剩米 * 用数		$3060 + 15960 + 3553 = 22573$
每笋米 =Rem(总/衍母)		Rem(22573/3876) = 3193

关键一步, 如何求乘率

$$k * 奇数 \equiv 1 \mod 定母$$

举同书第二卷中"分粜推原"为例说明.
奇数 = 65, 定母 = 83.

求乘率 k 使 $k*$奇数 $\equiv 1 \bmod$ 定母

大衍求一术云:

  置奇右上, 定居右下,

  立天元一于左上.

  所得商数, 与左上相生入左下.

  然后乃以右行上下, 以少除多, 递

  互除之.

  所得商数, 随即递互罗乘, 归左行

  上下.

  须使右上末后奇一而止,

  乃验左上所得, 以为乘率,

  或奇数已见单一者,

  便为乘率.

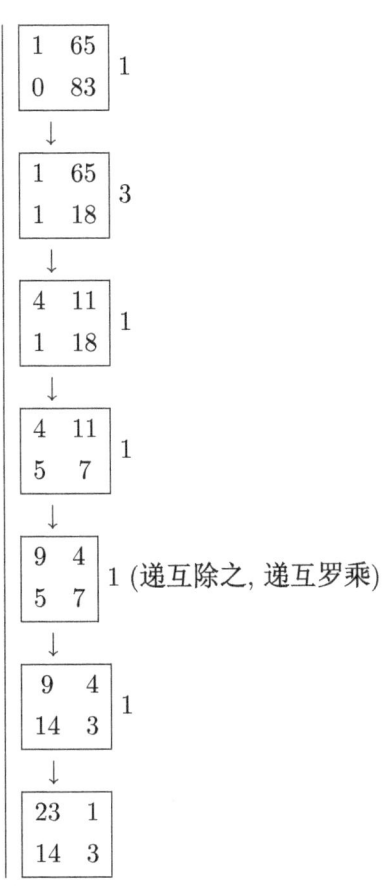

乘率 $k = 23$.

西法须求 $N = 65^{\varphi(88)} = 65^{82}$, 简直无法计算, 用大衍求一术做则效率相当高, 其原理是:

记号 $\begin{array}{|cc|} \hline c & r \\ c' & r' \\ \hline \end{array}$ 表示 $c*$奇数 $\equiv r \bmod$ 定母

        $c'*$奇数 $\equiv -r' \bmod$ 定母

则

① $\begin{array}{|cc|} \hline c & r \\ c' & r' \\ \hline \end{array} \xrightarrow[r = qr' + r'']{r > r'} \begin{array}{|cc|} \hline c + qc' & r'' \\ c' & r' \\ \hline \end{array}$

证 $r + q(-r') = r'' \Rightarrow (qc' + c)*$奇 $\equiv r'' \bmod$ 定母

② $\begin{array}{|cc|} \hline c & r \\ c' & r' \\ \hline \end{array} \xrightarrow[r' = qr' + r'']{r < r'} \begin{array}{|cc|} \hline c & r \\ c' + qc & r'' \\ \hline \end{array}$

证 $qc + (-r') = -r'' \Rightarrow (qc + c') * 奇 \equiv -r''$ mod 定母

(本文是胡森、王东明根据作者在中科院研究生院讲授"机器证明"课中一节整理而成，已经本人审阅.)

消除对数学的神秘感*
——推荐《数学译林》

一个人从小学、中学到大学，在各项课程中，投入时间最多的，无过于数学．一个人涉猎群书，在各种读物中，最感到费解的，也无过于数学．数学的各种书刊，不仅对于非数学家是一种禁区，即使是数学家，从事数学这一领域研究的专家要阅读另一领域的著作，对于其中出现的许多概念符号（更不用说推理论证），也往往会感到玄妙莫测，必须花费很大的气力才能得到一个大致的印象与了解．

如何填平数学与非数学之间的鸿沟，消除非数学家对数学的神秘莫测感？如何消除数学各个不同领域专家之间的隔阂，使他们不致隔行如隔山，以增进彼此间的了解并进而交流合作？这都是值得重视的问题．

《数学译林》这一刊物，不同于一般的数学刊物，它多少有助于弥补上面所说的那些缺陷．

《数学译林》是以译文为主的综合性数学刊物，其目的在于介绍国外数学的进展，普及现代数学知识，由此促进我国数学事业的发展与水平的提高．

《数学译林》辟有各项专栏．综合报告与专题介绍专栏就对某一领域或某一专题的历史与现状作较全面较通俗的论述，使非本专业的人能迅速获得对它的了解，甚至被吸引到这一方面来参加工作．

数学史与人物传记专栏评介数学发展中出现的重要事件与著名学者的重大贡献，从历史名人到当代标新立异的数学家，从个别人物到影响巨大的大学派，巨细不捐．

数学争鸣栏介绍数学上的重大争论，例如对纯粹数学与应用数学以及数学的作用等的许多不同看法．英国某数学权威推崇"无用"的数学为至高无上的数学的著名论点，以及另一有名学者对它的反驳，就登载在同一期中．

此外，如数学小品、数学教育、数学竞赛等栏也都各有特色．

尤其值得一提的是，在文章末尾空白之处，往往摘引了一些有名人物的名言警句，足以发人深省．

自然，数学究竟与其他科学不完全一样，即使是一篇通俗著作，牵涉到一些专门的论述时也会使读者感到困难，但这绝不是主流．不论是专业性的数学专家，或是只对数学抱有兴趣的门外汉，都有可能从刊物中找到一些能使他们满足的作品．

---

* 本文摘自《光明日报》，1985 年 4 月 19 日．

总的说来, 这一刊物大体上能做到雅俗共赏. 我自己可以说既是数学中的雅士, 也是数学上的俗客, 不论从哪一角度, 都是这一刊物的爱好者与经常阅读者. 为此特将这一刊物推荐给广大读者.

数　　学*

数学是研究现实世界中数量关系和空间形式的, 简单地说, 数学是数和形的科学.

由于生活和劳动上的需求, 即使是最原始的民族, 也知道简单的计数, 并由用手指或实物计数发展至用数字计数. 在中国, 至迟在商代, 即已出现用十进制数字表示大数的方法; 又至迟至秦汉之际, 即已出现完满的十进位值制. 在成书不迟于1世纪的《九章算术》中, 已载有只有位值制才有可能的开平、立方的计算法则, 并载有分数的各种运算以及解线性联立方程组的方法, 还引入了负数概念. 刘徽在他注解的《九章算术》(3世纪) 中, 还提出过用十进小数表示无理数平方根的奇零部分. 但直至唐宋时期, 欧洲则在16世纪S. 斯蒂文以后十进小数才获通用. 在《九章注》中, 刘徽又用圆内接正多边形的周长逼近圆周长, 成为后世求圆周率更精确值的一般方法. 虽然中国从来没有过无理数, 或实数的一般概念, 但在实质上, 那时中国已完成了实数系统的一切运算法则与方法, 这不仅在应用上不可缺, 也为数学初期教育所不可少. 至于继承了巴比伦、埃及、希腊文化的欧洲地区, 则侧重于数的性质及这些性质间的逻辑关系的研究. 早在欧几里得的《几何原本》中, 即有素数的概念和素数个数无穷及整数唯一分解等论断. 古希腊发现了有非分数的数, 即现称的无理数. 16世纪以来由于解高次方程又出现了复数. 在近代, 数的概念更进一步抽象化并依据数的不同运算规律而对一般的数系统进行独立的理论探讨, 形成数学中的若干不同分支.

开平方和开立方是解最简单的高次方程. 在《九章算术》中, 已出现解某种特殊形式的二次方程, 发展至宋元时代, 引进了"天元" (即未知数) 的明确观念, 出现了求高次方程数值解与求多至四个未知数的高次代数联立方程组的解的方法, 通称为天元术与四元术. 与之相伴出现的多项式的表达、运算法则以及消去方法, 已接近于近世的代数学. 在中国以外, 9世纪阿拉伯的花拉子米的著作阐述了二次方程的解法, 通常被视为代数学的鼻祖, 其解法实质上与中国古代依赖于切割术的几何方法具有同一风格. 中国古代数学致力于方程的具体求解, 而导源于古希腊、埃及传统的欧洲数学则不同, 一般致力于探究方程解的性质. 16世纪时F. 韦达以文字代替方程系数, 引入了代数的符号演算. 对代数方程解性质的探讨, 则从线性方程组导致行列式、矩阵、线性空间、线性变换等概念与理论的出现. 从代数方程导致复数、对称函数等概念的引入以至伽罗瓦理论与群论的创立. 近代极为活跃的代数

---

* 本文摘自《中国大百科全书·数学卷》. 中国大百科全书出版社, 1988.

几何,则无非是高次联立代数方程组解所构成的集体的理论研究.

形的研究属于几何学的范畴. 古代民族都具有形的简单概念而往往以图画来表示, 形之成为数学对象是由工具的制作与测量的要求所促成. 规矩以作圆方, 中国古代夏禹治水时即已有规、矩、准、绳等测量工具.《墨经》中对一系列的几何概念, 有抽象概括, 作出了科学的定义.《周髀算经》与刘徽《海岛算经》给出了用矩观天测地的一般方法与具体公式. 在《九章算术》及刘徽注解的《九章算术》中, 除勾股理论外, 还提出了若干一般原理以解多种问题. 例如出入相补原理以求任意多边形面积; 阳马鳖臑的二比一原理 (刘徽原理) 以求多面体体积; 5 世纪祖暅提出 "幂势即同则积不容异" 的原理以求曲形体积特别是球的体积; 还有以内接正多边形逼近圆周长的极限方法 (割圆术). 但自五代 (约 10 世纪) 以后, 中国在几何学方面的建树不多. 中国几何学以测量与面积体积的量度为中心, 古希腊的传统则重视形的性质与各种性质间的相互关系. 欧几里得的《几何原本》, 建立了用定义、公理、定理、证明构成的演绎体系, 成为近代数学公理化的楷模, 影响及于整个数学的发展. 特别是平行公理的研究, 导致了 19 世纪非欧几何的产生. 欧洲自文艺复兴时期起出现了射影几何. 18 世纪, G. 蒙日应用分析方法于形的研究, 开微分几何的先河. C.F. 高斯的曲面论与 B. 黎曼的流形理论开创了脱离周围空间以形作为独立对象的研究方法. 19 世纪 F. 克莱因以群的观点对几何学进行统一处理. 此外, 如 G. 康托尔的点集理论扩大了形的范围, H. 庞加莱又创立了拓扑学, 使形的连续性成为几何研究的对象. 这些都使几何学面目一新.

在现实世界中, 数与形, 如影之随形, 难以分割. 中国的古代数学反映了这一客观实际, 数与形从来就是相辅相成, 并行发展的. 例如勾股测量提出了开平方的要求, 而开平、立方的方法又奠基于几何图形的考虑. 二次、三次方程的产生, 也大都来自几何与实际问题. 至宋元时代由于天元与相当于多项式概念的引入, 出现了几何代数化. 在天文与地理中的星表与地图的绘制, 已用数来表示地点, 不过并未发展到坐标几何的地步. 在欧洲, 14 世纪 N. 奥尔斯姆的著作中已有关于经纬度与函数图形表示的萌芽, 而 17 世纪 R. 笛卡儿提出了系统地把几何事物用代数表示的方法及其应用, 在其启迪之下, 经 G.W. 莱布尼茨、I. 牛顿等的工作, 发展成了现代形式的坐标制解析几何, 使数与形的统一更臻完美, 不仅改变了几何证题过去遵循欧氏几何的老方法, 还引起了导数的产生, 成为微积分产生的根源. 这是数学史上的一件大事. 在这一世纪中, 由于科学与技术上的要求促使数学家们研究运动与变化, 包括量的变化与形的变换 (如投影), 还产生了函数概念和无穷小分析即现在的微积分, 使数学从此进入了一个研究变量的新时代. 18 世纪以来, 以解析几何与微积分这两个有力工具的创立为契机, 数学以空前的规模迅猛发展, 出现了无数分支. 由于自然界的客观规律大多以微分方程的形式表现, 因而微分方程的研究, 一开始就受到重视. 微分几何基本上与微积分同时诞生, 高斯与黎曼的工作又产生了内在的现代微分几何. 19、20世纪之交, 庞加莱创立了拓扑学, 开辟了对连续现象进行定性与整体研究的途径. 对客观世界中随机现象的分析, 产生了概率论. 第二次世界大战军事上的需要以及大工业与管理的复杂化产生了运筹学、系统论、信息论、控制理论与数理统计学等学科. 实际问题要求具体的数值解答, 产生了计算数学. 选择最优途径的要求又产生了各种优化的理论、方法. 力学、物理学同数学的发展始终是互相影响互相促进的, 特别是相对论与量子力学推动了微分几何与泛函分析的成长. 此外, 在19世纪还只用到一次方程的化学和几乎与数学无缘的生物学, 都已要用到最前沿的一些高深数学. 19世纪后期, 出现了集合论, 还进入了一个批判性的时代, 由此推动了数理逻辑的形成与发展. 也产生了把数学看作一个整体的各种思潮和数学基础学派. 特别是1900年D. 希尔伯特关于当代数学重要问题的演讲, 以及30年代开拓以结构造概念统观数学的法国布尔巴基学派的兴起, 对20世纪数学发展的影响至深且巨. 科学的数学化一语也往往为人们所乐道. 数学的外围向自然科学、工程技术甚至社会科学不断渗透扩大并从中吸取营养, 出现了一些边缘数学. 数学本身的内部需要也孳生了不少新的理论与分支. 同时其核心部分也在不断巩固提高并有时作适当调整以适应外部需要. 总之, 数学这棵大树茁壮成长, 既枝叶繁茂又根深蒂固. 本卷对于数学各分支与各种流派有较全面的介绍.

在数学的蓬勃发展过程中, 数与形的概念不断扩大, 日趋抽象化, 以至于不再有任何原始计数与简单图形的踪影. 虽然如此, 在新的数学分支中仍有着一些对象和运算关系借助于几何术语来表示, 如把函数看成是某种空间的一个点之类. 这种做法之所以行之有效, 归根结底还是因为数学家们已经娴熟了那种简易的数学运算与图形关系, 而后者又有着长期深厚的现实基础. 而且, 即使是最原始的数字如1、2、3、4, 以及几何形象如点与直线, 也已经是经过人们高度抽象化了的概念. 因此, 如果把数与形作为广义的抽象概念来理解, 则前面说到的把数学作为研究数与形的科学这一定义, 对于现阶段的近代数学, 也是适用的.

由于数学研究对象的数量关系与空间形式都来自现实世界, 因而数学尽管在形式上具有高度的抽象性, 而实质上总是扎根于现实世界. 生活实践与技术需要始终是数学的真正源泉. 反过来, 数学对改造世界的实践又起着重要的、关键的作用. 理论上的丰富提高与应用的广泛深入在数学史上始终相伴相生, 相互促进. 但由于各民族各地区的客观条件不同, 数学的具体发展过程是有差异的. 大体说来, 古代中华民族以竹为筹, 以筹运算, 自然地导致十进位值制的产生. 计算方法的优越有助于对实际问题的具体解决. 由此发展起来的数学形成了一个以构造性、计算性、程序化与机械化为其特色, 以从问题出发从而解决问题为主要目标的独特体系. 而在古希腊则着重思维, 追求对宇宙的了解. 由此发展成以抽象了的数学概念与性质及其相互间的逻辑依存关系为研究对象的公理化演绎体系.

中国的数学体系在宋元时期达到高峰以后,陷于停顿且几至消失.而在欧洲,经过文艺复兴、宗教革命、资产阶级革命等一系列的变革,导致了工业革命与技术革命.机器的使用,不论中外都由来已久.但在中国,则由于明初被帝王斥为奇技淫巧而受阻抑.在欧洲,则由于工商业的发展与航海的刺激而得到发展.机器使人们从繁重的体力劳动中解放出来,又引导到理论力学和一般的运动和变化的科学研究.当时的数学家们积极参与了这些变革以及相应数学问题的解决,产生了积极的效果.解析几何与微积分的诞生,成为数学发展的一个转折点.17世纪以来数学的飞跃,大体上可以看成是这些成果的延续与发展.

20世纪出现各种崭新的技术,产生了新的技术革命.特别是计算机的出现,使数学又面临一个新时代.这一时代的特点之一将是部分脑力劳动的逐步机械化.与17世纪以来数学之以围绕连续、极限等概念为主导思想与方法不同,由于计算机研制与应用的需要,离散数学与组合数学开始受到重视.计算机对数学的作用已不限于数值计算,符号运算的重要性日趋明显(包括机器证明等数学研究).计算机还广泛应用于科学实验.为了与计算机更好配合,数学对于构造性、计算性、程序化与机械化的要求也显得颇为突出.代数几何是一门高度抽象化的数学,最近出现的计算性代数几何与构造性代数几何的提法,即其端倪之一.总之,数学正随着新的技术革命而不断发展.

慎重地改革数学教育 *

说到数学教育改革,我首先想到的是要慎重,不可草率从事. 这是因为它牵涉面很大: 全国有两亿中小学生,他们的数学素质如何,直接会影响未来世纪的国家建设. 我们的本意是想改得好一些,但是搞得太急,没有充分论证和经过试验,那是不成的.

数学家谈数学教育改革,不能只从培养数学家的角度来看问题. 一万人口中顶多有一两个数学家,不能用数学家的要求来指导中小学数学教学. 我们常常以自己如何走上数学道路的经验来判断是非,那是不全面的.

我比较喜欢几何. 这里先谈谈中学几何课程的改革. 我常常听到一些意见,认为中学的几何必须是一个公理系统. 我不赞成. 中国古代的几何学,没有公理体系,但是有原理,例如出入相补原理等等. 中学几何课上,讲公理不如讲原理. 例如三角形全等的条件,就是一个原理. 我们选择若干个原理,将几何内容串起来,比公理系统要好. 一部经典力学,就是从牛顿三大定律 (三个原理) 推演出来的. 也有人认为,从原理出发不严格,使用公理体系才能做到严密. 这是在唬人、骗人,中学几何课程根本做不到希尔伯特《几何基础》那样的严格性. 欧几里得《几何原本》里的公理体系也是不严格的. 我们没有必要去追求这种公理系统的严密性.

当然,我决不是否认逻辑推理的重要性. 一旦把几个重要的原理确定下来,我们还是要一步一步地严格论证,从原理出发,推出那些几何学命题和结论. 另一方面,几何学有形象化好处,几何会给人以数学直觉. 不能把几何学等同于逻辑推理. 应该训练学生的逻辑推理能力,但也应适可而止. 只会推理,缺乏数学直觉,是不会有创造性的.

不论是几何,还是代数,都要讲推理. 你在解方程时,把一个方程化成另一个方程,就要讲"同解"的道理. 使用一种算法解问题,也要论证其合理性. 任何数学都要讲究逻辑推理,但这只是问题的一方面. 更重要的是用数学去解决问题,解决日常生活中、其他学科中出现的数学问题. 学校里给的数学题目都是有答案的. 已知什么,求证什么,都是清楚的,题目也一定是做得出的. 但是将来到了社会上,所面对的问题大多是预先不知道答案的,甚至不知道是否会有答案. 这就要培养学生的创造能力,学会处理各种实际数学问题的方法. 但要做到这一点,光凭逻辑推理是不够的.

顺便说一句,中学里"对数"的地位似乎应当重新估计. 过去学对数主要是为

---

* 本文摘自《数学教学》. 华东师范大学,1993 年 5 月.

了查对数表以便简化计算. 现在有了计算器, 对数的这一功能已被取代了. 至于对数函数, 那恐怕还是要的.

  大家谈到我的研究工作, 即数学定理的机械化证明, 是否可用于中学数学课程改革, 我也没有把握. 我只是在一个会上谈了设想, 有些同志觉得可以试试. 至于是否可行, 现在还不知道. 由于电子计算机的出现, 解析几何的重要性在增加, 中学里结合解析几何方法学习平面几何, 也许值得作进一步研究. 不过, 我仍回到我刚开始说的一句话, 即数学教育改革一定要慎重考虑. 一定要经过试验, 而且首先要在教师中进行试验. 中学里渗透机械化证明的思想, 也一定要慎重才好.

在《中国现代数学家传》首卷出版座谈会上的讲话*

我很荣幸收到请柬参加今天江苏教育出版社与中国数学界的"结婚典礼"(因先生手持的请柬乃婚礼专用聘帖,故风趣地称此次会议为"结婚典礼"——编者注). 刚才程民德教授代表数学界, 周(肇锡)、何(震邦)两位分别代表编辑部与出版社介绍了双方的"恋爱经过". 我想这件事是值得祝贺的.

这本《中国现代数学家传》就像程民德主编刚讲的那样, 有"寓史于传"的特色. 本世纪可以说是中国数学新的时代的开始. 而中国数学进入新的阶段, 经历了很长的一段历程. "寓史于传"就可以了解中国数学发展的这段历史. 要做到"寓史于传"就要考虑许多数学家的传记. 现在已经有好几本这一类的书出来了, 可是一写传, 往往着重于一些对数学有创造性研究、有突出贡献这样的人物. 我觉得光写这些人, 恐怕不足以反映中国现代数学发展的整个历程. 当然, 像陈省身、华罗庚这样的许多杰出的数学家, 是应该写他们的传, 但光写他们我说是不足以反映全貌的. 譬如陈省身他自己就经常提到姜立夫、孙镕对他成长的重要影响, 那么, 提到华罗庚恐怕就不能不提熊庆来、杨武之、唐培经等人. 而熊庆来、杨武之、唐培经、姜立夫、孙镕等人又有他们自己的成长经历. 所以, 要考虑这些人就不能不考虑他们的时代背景与历史条件, 而要整个地把这些都反映出来, 就不能光写创造性成就. 我觉得这本书好的地方、突出的地方就是它包括了除那些在研究上有突出贡献的人物外, 还介绍了20世纪中国数学发展的历程中, 用各式各样的方式有所贡献的人物. 譬如程民德先生刚才提到的这本书第一个入传人吴在渊, 如果仅局限于研究的话, 我想吴在渊的工作是不值得提的, 但是他对中国数学发展是起了很大作用的. 我是在上海出生的, 在我年轻的时候, 吴在渊的名字在上海数学界无人不知、无人不晓. 我自己也看了吴在渊的许多文章, 主要是关于初等几何方面的. 如他介绍的"若三角形两内角的平分线是相等的, 则它应是等腰的", 这是很难证的题目, 他写文章介绍很多种不同的证法. 还有很多其他问题, 具体内容我已记不清了. 这对我个人有一定启发引导作用. 我个人感觉, 在当时上海数学界, 能够领导许多青年人走上数学道路, 吴在渊起到了很大作用. 像这样的人, 假定只着眼于数学研究、在数学上有很大贡献这个角度, 就会被忽略掉. 但要了解整个中国20世纪现代数学的发展过程, 这样的人又是不能不考虑在内的. 在目前各种传记, 包括数学史、数学家传中, 被忽略掉的人物在这本书里就可以找到. 我所举的仅是一个例子. 因吴在渊是我比较了解的一个, 这样的人物还有不少.

---

*本文摘自《中国现代数学家传》(程民德主编). 江苏教育出版社, 1998.

我走上数学道路是上大学时受了一位数学教授的影响. 我进入大学数学系时本来已不想学数学了, 是受这位教授的影响才决定学数学的. 但要写我的传记可能还不会提到这位教授, 而要提起陈省身教授, 这种情形恐怕是普遍的. 但要真正了解历史, 就要把这些人都包括进去. 当然这是不容易的事. 如要选哪些人入传, 又要找了解他的合适的人给他写传. 一个人了解的可能有限, 还要为其提供资料, 要有许多人来提供资料. 编辑部与出版社花了很大的力气来组织这件事, 是非常不容易的!

我希望这本书只是这桩"婚姻"的初步结晶, 我因此祝贺这桩"婚姻"圆满成功!

在八十寿辰庆祝会上的即席讲话*

(1999 年 5 月 23 日,友谊宾馆宴会厅)

各位先生:

我今天八十大寿 (笑,鼓掌),诸位的光临,我感到非常荣幸,而且我也感到非常自豪 (热烈鼓掌). 其原因,因为我八十岁,这说明了我生于 1919 年 5 月,也就是说我与伟大的五四运动同年同月生 (热烈鼓掌). 80 年前的今天,五四期间,我们国家的情况我们大家都非常清楚,在五四运动期间,我们中国伟大的思想家、许多伟大的知识分子提出了一些救国强民的主张,他们提出反帝、反封建,还有科学救国等伟大的主张. 到了 80 年后的今天,国家的情况已经完全变了,可是当时的情景,我想和现在还可以比较,就是说,从 1919 年 5 月 4 日,经过 80 年,到了 1999 年的 5 月 8 日,又出现了一种情况,与 80 年前不无相似之处,当然表现形式有所改变,就是当年我们国家存在被瓜分的威胁,现在,这种威胁是没有了,可是,另外一种被分割、被肢解的形势出现,这是现实的情况. 我们 80 年前提出要科学救国,经过奋斗,我们提出科教兴国、科技强国,这是我们当前的重要任务. 经过 80 年,形势有了很大的变化,可是有些情况,还是用另外一种形式出现在我们的面前. 作为中国的一个知识分子,从五四到今年 "五八",经过 80 年的变迁,我们仍然肩负一个非常重大的任务,要面向当前的现实,完成我们知识分子当前的使命. 所以我对我出生的时代既感到荣幸又感到自豪,我想现在的庆祝是具有现实意义的,我感谢大家对我的祝贺,谢谢! (长时间热烈鼓掌,后伴随 "祝你生日快乐" 乐曲有节奏鼓掌).

(罗见今据录音整理,1999 年 5 月 25 日)

---

* 本文摘自《高等数学研究》,1999, 2(3): 41.

在 20 世纪数学传播与交流国际会议上的开幕词*

Dear colleagues and dear friends, This is my duty, and also my great pleasure to announce the opening of the international colloquium for the 20th century mathematics transmission and transformation.

I'm sorry, that I will speak in my native language: Chinese, for another twenty minutes.

吴文俊院士在会议开幕式上

今天会议的主题英文就是刚才说的, 中文叫"20 世纪数学传播与交流国际会议", 在第一次通知中有一个说明, 讲这次会议的主题是关于 20 世纪数学的发展, 而且有一个比较详细的说明, 讲 20 世纪数学的发展是空前的, 在世纪交替之际, 回顾、总结 20 世纪数学的发展, 对于认识现代数学的趋势和特点, 促进现实的数学研究与教育不仅是必要的, 而且是适时的, 本次学术会议旨在提倡推动这一领域的研究, 研讨 20 世纪数学发展的若干纲领, 特别是 20 世纪中西数学发展的比较及中国与欧美等西方国家的数学交流, 同时也欢迎今古比较的论文.

我想数学对于整个人类文明的作用是非常明显的, 文明的标志, 除了语言、文字以外, 恐怕其次就是计算了. 数学对于科学技术、经济的种种影响, 我想对一个国家、一个民族的强弱来说, 数学的兴盛与否可以作为标志之一.

---

* 会议于 2000 年 10 月 17 日至 21 日在西安召开. 本文摘自《高等数学研究》, 2001, 4(1): 2-3.

我想强调这次会议的一个主题：20世纪中西数学发展的比较，以及中国与欧美等西方国家的数学交流. 20世纪中西数学相比较，众所周知，我们是远远落后于西方的；还有对于中西数学的交流，我想也是很明显的，可以说是一边倒，有来无往，都是外来的，我们忙于学习西方的数学，整整一百年基本是这种类型这种情况. 直到最近，一些新兴的学者、年轻的一代起来了，稍微有些回流，但还要看下一世纪.

还有一点，这个主题之外，也要欢迎今古的比较，我刚刚收到，在这次报告里面，主要讲西方数学，对于中国数学的比较的论文，可能不多，但我看见也有，很感兴趣，就是(日) Kobayashi 教授的《关于明治前日本数学史中中国数学的影响》.

数学的历史发展很久远，从远古到现在，欧洲的数学已经起来，变成数学的主流，我们现在考虑的数学基本是从欧美传来的，可是在远古根本不是这样，至少我想从公元2、3世纪到公元12世纪，将近1000年的时间，欧洲数学衰落，是极其落后的，而中国等东方许多国家的数学是占有一定优势的.

那么中国的数学在当时一定会影响到世界各国，在东方是朝鲜、日本、印度、东南亚，还有更重要的，通过丝绸之路，通向中亚地区，由此而影响了欧洲. 这一点，东西方数学交流、影响应该是相互的，在最近这两个世纪，主要是西方传到东方，东方完全是学习西方，是吸收西方已经起来的最优秀的数学，可是在早期就不是这样的，我不知道小林先生要讲述什么，但多少会反映这样几个情况.

我下个月就要去伊朗参加一个会议，纪念古波斯地区的一个盛世时期，当时最大的数学家 al-Khwarizmi，会议的地点在 Kasha, al-Khwarizmi 的出生地，为此自然科学史研究所的刘钝同志给我复印了一些关于 al-Khwarizmi 的材料，我还来不及细读，匆匆忙忙看了一些. 可以看出来，当时伊朗地区，特别是古波斯地区，可以说是当时世界数学的中心，它的地理位置也刚巧处在东西方交流的中间，我们现在知道的 al-Khwarizmi 时代的数学家，我一查基本上都是出生在古波斯地区的.

根据波斯久远的历史，这个地方是东西交汇之地，所以它既受到希腊、埃及、巴比伦的影响，也受到东方像印度应该还有中国的影响，这是一定的，它是丝绸之路必经之地，我看了一下刘钝先生给我的 al-Khwarizmi 的材料，还有李文林先生送给我的他的一本著作《数学史教程》，古波斯由于它的位置，所以四面八方既受到西方，又受到东方的影响，从 al-Khwarizmi 的一些材料可以明确地看出 (这是从外国的一个辞典上复印下来的)，有些明显是受中国的影响；另外还有李约瑟的著作里面也提出了好些问题，明显地说明中国的影响. 李约瑟的著作里面提出来，al-Khwarizmi 曾经当过某国大使，有一定根据该国有中国的影响，说明该地区受到东方、西方的影响，中国影响的分量有多重，不在这次会议主题之内. 下一次数学史会议要在西安召开，是2002年世界数学家大会的卫星会议，我希望这一方面能有充分反映.

就当前而论，数学的主流来自西方，我们必须要像过去一二百年那样，虚心地学习西方已经兴旺起来、非常发达的系统，已经比较先进的数学，这是当前的任务，也是我们这个会议的一个主题，就是要考虑 20 世纪中西数学发展的比较，以及中国与欧美等西方国家的数学交流，在这次会议上有 Knobloch 的一个报告是关于概率论创始人 Emile Borel 的，一定可以给我们许多启发.

I thank you for your patience for listening to my speech in Chinese.

解方程今与昔*

——在中国科学院第 11 次院士大会上的学术报告 (摘要)

早在上古时代, 中国就有着完美的十进位制, 用以表达任意大的正整数, 不仅如此, 中国的十进位制还具有独到的位值制. 正是这种进位的位值制, 为古代中国高度发展的计算技术奠定了基础, 铺平了道路. 这也使中国古算构造性、算法化与可计算的机械化特色得以自然形成与充分发扬.

中国古算着重实际问题的解决, 由此自然导致方程问题, 即现代意义下的多项式方程求解问题. 为了解这种方程, 由简单到复杂, 中国古算逐步引进了分数、负数、小数与无理数的概念, 并给出了这种数的计算方法与规律. 这实质上使中国早在公元 3 世纪时, 就已完成了现代的所谓实数系统及其计算的方法与规律.

正是为了解决各种具体问题, 多项式方程 (组) 的求解成为中国古算发展的核心. 特别是从几何问题产生的方程, 其解答往往表现成分式的形式, 相当于现代的几何定理. 这已包含了从解方程可应用于证定理的某种途径. 方程的发展至宋时, 已得到了任意次代数方程求数值解的一般方法. 宋元时期更创立了天元术, 引进了天元等相当于未知数的概念, 使向来依题意立方程这一无规可循需要高度技巧的难题, 从此轻而易举. 不仅如此, 天元术还导致了多项式与有理函数的表达方式, 与运算法则, 并使几何代数化, 成为后世解析几何与多项式代数以及一般消去法的先导.

此外, 公元 1303 年, 元朱世杰在他的《四元玉鉴》一书中, 提出了解多至四个未知元的任意多项式方程组的方法: 先把各未知元排一次序, 然后通过消元法得出一对未知元整然有序的新的方程组, 由此逐个求解即得原方程组的解答. 自然朱的方法有不少缺陷与不完整之处. 这些缺陷在当时的历史条件下在所难免. 但朱的思路与方法则正确无误, 且对未知元的个数并无限制. 正是遵循了这一思路与方法, 我们在上世纪的 70 年代, 借助于现代数学的某些技术, 对于任意多个未知元的代数方程组, 得出了所谓整序原理, 由此完成了解任意代数方程组的机械化一般算法. 我们还遵循中国古算的启示, 应用解方程的算法于几何定理的机器证明, 使后者成为前者多种多样的具体应用之一.

代数几何研究多项式方程组的零点集即解答的集合, 通称代数簇. 这是当代最活跃也最艰深的数学领域之一. 与国外基本上是存在性的研究方法不同, 我们遵循

---

*本文摘自《高等数学研究》, 2002, 5(3): 2-3.

中国古算法的思想路线，建立了代数几何构造性、算法化与可计算的研究方法. 国外对于没有奇点的代数簇，可定义陈（省身）类与陈（省身）数. 但一般说来代数簇总是有奇点的，此时国外方法就难以引入陈类和陈数. 但我们的方法则无此限制，且引入的陈类与陈数都易于计算. 对于无奇点的某些特殊类型二维曲面的极端情形，Miyaoka 与丘成桐曾分别证明陈数间有不等式 $C_1^2 \leqslant 3C_2$. 若用我们的方法，则对于任意维数具有任意奇点的代数簇，只须经过简单计算，即可得出一大批陈数间的不等式与等式关系. 上世纪 80 年代末，有数学家提出 Miyaoka-丘不等式可导致 Fermat 大问题的解决，引起轰动. 但旋以失败告终. 失败的原因之一是可能牵涉到的代数簇有奇点. 依照我们的方法，这种不等式依然成立而无关于奇点的限制. 是否因此会对 Fermat 大问题以及其他类似问题起某些作用，耐人深思.

整系数代数方程在求整数解或有理数解时，称为不定方程. 勾股弦定律 (勾^2 + 股^2 = 弦^2) 以及整勾股数是世界各古代民族都普遍关注的问题. 但只有中国早在两千多年前就有完整的解答：

$$勾 : 股 : 弦 = (m^2 - n^2) : 2mn : (m^2 + n^2),$$

其中, $m = $ 勾 $+$ 弦, $n = $ 股, 都有几何意义, 具见《九章算术》. 公元 263 年, 刘徽在《九章注》中给出了严格的证明. 在中国以外, 只有印度在 7 世纪与以后给出了类似公式, 但意义不详, 更无证明. 此外, 中国历代天文历法要求计算上元积年, 这导致一组现代所称的同余方程, 经过千年以上的努力于宋代总结成大衍求一术, 19 世纪传入欧洲后被称为中国剩余定理, 在现代数学中起着重要作用. 同余方程是一种特殊形式的一次不定方程, 在印度, 则在 11 世纪时对较一般的一次不定方程有整数解的算法.

在中国与印度以外, 则由于 3 世纪丢番图 (Diophantus) 的著作, 不定方程又称丢番图方程. 所谓 Fermat 大问题即指不定方程：$x^n + y^n = z^n$. 在 $n \geqslant 3$ 时不可能有正整数解. 经过 350 年左右的努力, 这一问题才于近年为 Wiles 所解决, 被认为是 20 世纪 (纯粹) 数学上的最大成就.

大衍求一术中的同余方程与勾股弦整数解相当于某种一次与二次的不定方程. 古印度及 19 世纪的欧洲已解决了一般的一次不定方程. 20 世纪德国的 Siegel 又解决了一般的二次不定方程. Fermat 大问题则导致某种类型三次不定方程的研讨. 在 Hilbert 著名的 23 个问题中, 第 10 个即是一般不定方程的求解算法问题. 答案是否定的, 即这样的算法不可能存在. 其证明过程经过美国数学家 M.Davis 等的长期努力而最后在 1970 年时由苏联的 21 岁青年数学家 L.Matijashevic 取得最后成功.

虽然 Hilbert 的第 10 个问题的答案是否定的, 即一般的不定方程不可能有求解的算法. 但对于特殊形式的不定方程如一次与二次者则算法早已有之. 1974 年时,美国数学会组织了一次对 Hilbert 23 个问题进展情况的总结报告研讨会. 其中 M.Davis 对于第 10 个问题的总结报告指出: 虽然第 10 个问题的答案是否定的, 但却蕴含了许多正面的结果. 许多著名的难题, 例如数论中的 Fermat 大问题、Goldbach 问题、Riemann 猜测问题, 以及数论之外的四色问题等等, 其解决与否都可归结为某一相应特殊形式的三次或四次不定方程有否某种整解的问题. 因之, 三四次不定方程的算法求解, 将是 21 世纪应予高度重视的重大难题之一.

Speech at the Opening Ceremonies of the International Congress of Mathematicians*

Ladies and Gentleman,

Sixteen years ago I attended as an observer on behalf of the Chinese Mathematical Society the 10th General Assembly of the International Mathematical Union in Oakland, at which CMS became a member of the IMU. I am very happy to see that the cooperation between Chinese mathematicians and the international mathematical community has been developing rapidly and fruitfully since then, and the inspiring progress is demonstrated today by the opening of the 24th ICM in Beijing. It is a high privilege and an honor for me to extend to you my warmest welcome.

Our science—mathematics, is an age-old yet evergreen field of human knowledge. The vitality of mathematics is, it seems to me, from its dealing with the numerical relation and spatial form in the most general sense. Numbers and forms, in the final analysis, reflect the most essential characters of things in the actual world. It is therefore no strange that the abstract theories and methods investigated by mathematicians would pervade almost all fields of science and technology. "Each science", as pointed out by Karl Marx, "could be considered to be perfect only if it permits the successful application of mathematics".

Mathematics gives, directly or indirectly, impetus to the development of productive forces as well. I mention here only one example——the revolutions of the communication industry, which would not have been possible without the mathematical physics from Gauss to Maxwell, and more recently without Turing and von Neumann's ideas of computers. It is therefore not without reasons that Napoleon has once said "the advancement and perfection of mathematics are intimately connected with the prosperity of the State". I prefer to quote again non-mathematician's view-

---

* Proceedings of the International Congress of Mathematicians (2002, Beijing), Vol. I. Plenary Lectures and Ceremonie, 21-22. Higher Education Press, 2002.

point on the value of mathematics to avoid arousing suspicion of mathematicians' boast.

We are at the beginning of a new century. The unique situation of mathematics, different from any previous century at the turn, appears to be caused by the impact of the computers. Computers provide new tools, raise new problems, and allow new applications of mathematics. All that, I believe by my own research experience, will make a genuine new century of mathematics. It might be more challenging and promising to Chinese mathematicians whose country is struggling for transition from a developing society to the information and knowledge-based society.

Modern mathematics has historical roots of diverse civilizations. Mathematical activities in ancient China can be traced back to early time. The major pursuit of the ancient Chinese mathematicians was to solve problems expressed in equation. Along this line they contributed the decimal place-value numeration, negative and irrational numbers, various techniques for solving equations, etc. It is believable that ancient Chinese mathematicians had active knowledge exchanges with middle Asia and even Europe through the Silk Road. Today we have railways, airlines and even information highway instead of the Silk Road, the spirit of Silk Roadknowledge exchanges and cultural mergence ought to be greatly carried forward. I hope that the International Congress of Mathematicians 2002, held for the first time in a developing country, will open a glorious new page in the universal cooperation of mankind and bring with a prosperous future of our mathematical sciences.

I wish the congress a success, wish you all a nice stay in Beijing.

Entertainment: Peking Opera performance

计算机时代的脑力劳动机械化与数学机械化*

编者按 吴文俊院士是我国著名的数学家,他因在拓扑学中的示性类与示嵌类方面的卓越成就获得国家自然科学奖一等奖,因数学机械化研究方面的开创性贡献获 Herbrand 自动推理杰出成就奖,2000 年获得首届国家最高科学技术奖. 2003 年 1 月 10 日,吴文俊先生在黑龙江大学"阳光讲坛"做了题为"计算机时代的脑力劳动机械化与数学机械化"的学术报告,由他的学生蒋鲲博士整理,并经他本人亲自审阅,现刊发于此,以飨读者. 文中标题为编者所加.

摘要 主要介绍了脑力劳动机械化和数学机械化的发展历史以及研究现状. 17 世纪以来,工业革命使人们逐渐实现了体力劳动的机械化,促进了社会生产力的发展. 本世纪电子计算机的产生,则为人类实现脑力劳动的机械化创造了物质条件. 在目前这一以计算机为标志的信息革命时代,数学应该有什么样的创新与之相适应呢? 回顾数学发展史,主要有两种思想: 一是公理化思想,另一是机械化思想. 前者源于希腊,后者则贯穿整个中国古代数学. 这两种思想对数学发展都曾起过巨大作用. 从汉初完成的《九章算术》中对开平方、开立方的机械化过程的描述,到宋元时代发展起来的求解高次代数方程组的机械化方法,无一不与数学机械化思想有关. 公理化思想在现代数学,尤其是纯粹数学中占据着统治地位. 然而,其在数学上的多次重大跃进都与机械化思想有关. 正是基于这种考虑,吴文俊先生倡导数学机械化研究.

我们现在正在面临一场新的革命,新的工业革命,新的科技革命,新的时代. 这个时代是以计算机的出现作为标志的信息化时代,也可以说,这场新的工业革命,新的科技革命是以信息化带动工业革命和科技革命的一场新型的革命.

回顾历史,我们国家的科技过去是非常辉煌的. 在宋朝以后,在元明时代,我们的科技却远远落后了. 从明代 (1368—1644),到 19 世纪的几百年时间里,由于各种原因,我们在各个方面都远远落后了,各方面的进展都停顿下来,处处落后. 相反,欧洲有过一千多年的黑暗时代,那个时候根本没有什么科学技术的发展. 大概是从 12、13 世纪以后,它开始通过向阿拉伯国家学习东方先进的科学技术和文化,经历

---

* 本文摘自《黑龙江大学自然科学学报》,2003, 20(2): 1-9. 文前的编者按系该刊编者所加.

了所谓的宗教改革、资产阶级革命、文艺复兴等等几百年的向东方的学习和努力,慢慢地发展起来, 变成一个生产力非常高的资本主义社会, 由此再发展成一个帝国主义社会. 在近两百年里, 我们深受其苦. 黑龙江在历史上曾经是沙皇帝国主义和日本帝国主义的一个战场, 这段历史是我们不应该忘记的. 现在我们到了一个新的时代, 面临着许多新的机遇. 过去西方是因为工业革命和科技革命而强大起来. 现在我们面临一场新型的科技革命和工业革命, 这是一场以信息化和计算机为标志的新型的革命. 我们现在的时代是一个不可多得的机遇, 就是我们可以通过信息化来带动工业化, 可以超前地超越发展, 这是一个千载难逢的机会. 这个机会绝对不能错过. 这个新型工业革命或科技革命, 我想是以智能计算机, 或者说是脑力劳动的自动化为标志的, 所以我今天就想谈谈这方面的问题. 我报告的题目简单地说就是数学机械化, 详细地说就是计算机时代的脑力劳动的机械化与数学机械化, 或者智能的自动化.

因为我是学数学出身的, 所以我这里主要是就脑力劳动机械化中与数学有关的数学机械化方面的问题, 谈一下我的感想, 同时也希望能和大家一起探讨. 我们首先来回顾一下新的工业革命和科技革命的进化过程.

1. 工业革命和科技革命的回顾

首先让我们来看一下过去旧的工业革命和科技革命的情况, 特别是从数学的角度来考虑. 我们过去的工业革命大体上是从 18 世纪开始的. 18 世纪的工业革命大体上分成三个阶段, 其中第一个阶段起于 18 世纪六七十年代; 第二个阶段是以电气化为标志的, 大概 19 世纪 60 年代; 还有就是与计算机的出现有关的, 20 世纪 40 年代世界大战前后开始的科学技术方面突飞猛进的发展的阶段. 我们来回顾一下在这些方面, 数学在其中起了一个什么样的作用.

在欧洲的文艺复兴以后, 科学特别是数学获得了突飞猛进的发展. 在 17 世纪, 数学上出现了两大成就. 一个是解析几何, 或者说是坐标几何, 使得几何问题可以通过坐标转化成代数问题来解决. 还有一个就是微积分, 是由德国的莱布尼茨和英国的牛顿创造的. 微积分的重要性可以用恩格斯曾经说过的一句话"微积分是人类最高智慧的表现"来说明. 微积分的出现, 使得静态的数学变成动态的数学. 也就是使得运动和变化可以用变量来处理, 从此运动和变化就进入了数学, 数学成为一个非常有效的工具. 自从 17 世纪的微积分发明以后, 欧洲的许多小国家的君王聘请一些数学家来当顾问或者是军师, 并给予很高的待遇. 这个很高的待遇不是白给的, 也不是用来显示君王的财富的, 它是需要回报的. 这些数学家通过微积分不仅可以给君王出谋划策, 而且还可以提供一些其他的帮助. 例如, 工业要发展, 最主要是制造工业要发展. 这些数学家在制造工业方面就可以提供一些数学方法、手段, 使得制造业发展起来, 使得生产力发展起来. 特别是造船工业, 有些君王还要聘请一些数学家来参与军舰的制造. 我们知道欧洲在工业革命时代的航海业非常发达. 在航海业方面有一个定位的问题, 这就需要解析几何和微积分的帮助. 所以说数学家不是白吃饭光搞数学的研究的, 而是起了很大的作用的. 对于工业革命和科技革命这是起了很大的作用的. 在 18 世纪六七十年代以后又出现了用机器来代替人类的体力劳动. 作为标志的是蒸汽机和纺织机的出现, 它主要是要减轻繁重的体力劳动, 甚至在某种程度上代替体力劳动. 这些各种各样的机器都是起到这样一个作用. 相应的数学要完成这样一个作用而得到了实践, 所以微积分得到了很大的发展, 由此出现一个庞大的数学分支, 这就是数学分析. 一方面数学要适应于高速的工业技术的发展而得到蓬勃发展, 另一方面数学也真正应用到工业技术上去. 这是相互照应的一种形式. 同时也出现了一大批的数学家, 例如 18 世纪的欧拉和天文学家拉普拉斯. 欧拉解决造船业中出现的数学问题. 这是 18 世纪早期的工业革命和科技革命. 到了 19 世纪, 由于有了电的出现, 电气方面也出现了像电动机、发电机、电气通信等等的一些新型的电器. 与此相应, 在数学中也出现了一些提供方法和手段的新的学门. 例如电磁理论. 由此也产生了一大批的科学家, 比如格林纳与布阿松, 他们研究了势论, 另外像德国的数学家高斯. 高斯除了在数学方面的发明创造以外, 他还研究磁的性质并和一个德国的物理学家合作发明了电报. 接下来就是麦克斯韦的电磁场理论. 由此可以看出来, 19 世纪是以电气化为标志的技术革命. 那么到了上一个世纪, 规模就更大了, 出现了许许多多技术方面的发明创造. 比如说电子计算机、原子能、核能、生产自动化、人造卫星、基因工程等等, 数不胜数. 这是一个科技飞跃发展的时期. 同时在数学方面也出现了一些新的学门, 比如说与计算机有关的数理逻辑; 与原子能、核能有关的相对论; 与生产自动化和人造卫星有关的控制论; 为了完成一些大型的计算而发展起来的计算数学; 与基因工程有关的数学生物学等等. 各种各样新的学门在 20 世纪是层出不穷的. 与此同时出现的数学家也是数不胜数, 比如说控制论, 我们可以提到维纳; 原子能和核能, 我们可以提到爱因斯坦. 爱因斯坦有一个著名的公式就是能量和质量可以互相转换的公式 $E = MC^2$, 其中 E 是能量, M 是质量, C 是光速. 这样一个简单的公式就可以说明质量与能量的转换关系, 原子弹就是根据这种关系将能量释放出来的. 与计算机有关的科学家有冯·诺依曼. 现在的计算机也离不开冯·诺依曼; 还有就是图灵发明了计算机的模型等等. 总的说起来, 在过去工业革命和技术革命的发展过程中, 数学家起到了非常重要的作用, 甚至在某些方面数学家起了主要的推动作用. 这一点我想数学家是应该感到自豪的.

2. 脑力劳动的机械化

现在到了 21 世纪, 已经进入了一个新型的工业革命的时期, 一个以脑力劳动智能方面的自动化为标志的新的时期. 相应的, 我们数学应该怎样办? 在过去的每一个工业革命和技术革命的发展时期, 数学家都起了一个非常重要的作用. 那么我们可以问一下, 到了 21 世纪这样一个新型的工业革命和技术革命时期, 我们的数学家应该怎样对待? 数学会出现一个什么样的新的学科和方向来带动和支持这样一个新型的工业革命和技术革命? 特别是中国的数学应该怎么办? 中国的数学家应该怎么办? 作为一个数学家, 在进入这样一个新型的工业革命和技术革命时期, 我想这是非常值得思考的问题. 今天我就提出这样一个问题在这里和大家一起来探讨.

为了回答这个问题, 我们再来回顾一下旧的工业革命和即将到来的新型的工业革命之间有什么不同. 简单地说, 这两个时期的工业革命和技术革命主要是想用机器来代替劳动. 体力劳动是劳动, 脑力劳动也是劳动. 在旧的工业革命和技术革命时期主要使用机器来代替体力劳动. 简单地说, 这可以说是体力劳动的机械化. 那么在新型的工业革命和技术革命时期主要是以信息化为标志的, 是以脑力劳动的减轻, 或者说是用机器来代替脑力劳动为重要标志的. 主要是脑力劳动或者说是智能化方面的自动化, 我们也可以说是机械化. 所以说, 这两个时期的工业革命和技术革命都是以劳动的机械化为标志的. 一个是体力劳动的机械化, 而我们现在面临的是怎样将脑力劳动也可以相应地机械化.

下面我们将 18 世纪的工业革命和现在正在进行的新型的工业革命和技术革命, 也可以说是以信息化来带动工业革命为标志的新型的工业革命和技术革命来进行一个对照. 在过去的工业革命中是用机器来代替人力, 也可以说是人手的一个延伸, 把人手的作用延长了, 用机器来代替. 而在现在这个新型的工业革命和技术革命时期是用计算机来帮助人类进行脑力劳动, 也可以说是人脑的延长. 现在计算机有一个通俗的名称叫做电脑. 电脑虽然没有脑袋, 但是可以在某种程度上代替人类的脑袋所起的作用, 这一点大家都知道. 总的说起来, 过去的工业革命和技术革命是体力劳动的机械化, 现在新型的工业革命和技术革命是脑力劳动的机械化. 下面我们来看一下如何进行脑力劳动的机械化.

我们先来回顾一下历史上, 不要说是代替, 先说是如何减轻脑力劳动的种种尝试, 种种已经出现的试验. 首先我们在中小学阶段经常要碰到一些比较难的数学四则题, 解决这些数学难题要费很大的脑力劳动, 是很伤脑筋的, 是不容易解决的, 要用非常奇巧的方法才能解决的. 可是等我们到了初中一二年级, 我们学习了初中代数, 于是这些数学难题就变得轻而易举了. 我们可以将这些数学难题转化成求解方程组的问题, 只要求解这个方程组就可以了. 方程组的求解就可以机械地进行了,不用太费脑筋了，原来的数学四则难题就变得轻而易举了. 这是我们在小学和中学经常碰到的典型的通过某种数学方法将一个复杂的、费脑筋的、不容易解决的脑力劳动，转化成一个容易解决的、不太费脑筋的、轻而易举的脑力劳动的例子. 经过简单的计算就可以计算出来了. 在历史上，有许多这样的例子. 比如说，在17世纪的1614年，瑞典数学家纳皮尔发明了对数. 通过对数，可以将原来的乘法和除法运算变成加法和减法运算. 两个大数进行乘法和除法运算是比较麻烦的，很复杂的，要费一些脑力劳动. 变成加法和减法以后，这个脑力劳动就轻松多了. 这可以说是一个减轻脑力劳动的工作. 再比如说，数学家笛卡儿在1637年出版了一本书《几何学》，在这本书里，他介绍了现在大家比较熟悉的坐标几何或者说是解析几何的思想方法. 大家都有所体会，在中学所学的几何里的几何推理证明都是非常麻烦的，是很伤脑筋的. 这是所谓难度非常高的一种脑力劳动. 你要想法证明这个定理，需要经过迂回曲折的过程，甚至要添一些辅助线，来给出最后的证明，这是不太容易的. 而且这个定理要这样推，那个定理要那样推. 虽然两个定理表面上看来很相像，可是证明起来，进一步的推理论证的推理步骤是截然不同的，每一步都是很难想到的，这就是一个高难度的脑力劳动的典型. 然而，笛卡儿的坐标几何，或者说是解析几何就可以把这样一个推理论证的几何问题转化成一个代数问题. 这样就可以把一个需要困难的脑力劳动的推理问题变成一个计算问题，大体上可以这样说. 而计算虽然很麻烦，但是不伤脑筋. 这个我们在中学阶段都有体会. 算起来麻烦是麻烦一些，但是比较少伤脑筋. 这也是一个历史上减轻脑力劳动负担的例子. 第三个例子就是1642年，法国有名的数学家帕斯卡制造了一个机器，通过这个机器可以进行加法的运算. 加法运算虽然我们很熟练了，看起来也很容易，但是还是比较复杂的. 现在用机器来代替加法运算，这对脑力劳动来说是减轻了一步. 到了1674年，莱布尼茨就把帕斯卡的加法机器进行改进，变成一个既能进行加法运算又能进行乘法运算的机器. 又进了一步，又减轻了脑力劳动. 这些都是历史上出现的这方面的例子. 许多数学家想办法把原来比较伤脑筋的脑力劳动转变成不太伤脑筋的脑力劳动. 在这里是用机器来代替，这是历史上出现的一些实事. 莱布尼茨有这样一句话，"把计算交给机器去做，这样可以使得优秀的人才从繁重的脑力劳动中解脱出来." 这不仅可以减轻脑力劳动，这方面的脑力劳动减轻了，比如说乘法与加法可以用机器去代替，还有其他的劳动也可以去试验去尝试. 繁重的计算也可以交给机器去做，现在已经可以做到这一点. 现在的计算机起到非常重要的作用，就是进行这样的计算. 它可以使得优秀的人才从这些劳动中解放出来，去从事别的更有意义的脑力劳动，但并不是说所有的脑力劳动都变成轻而易举了. 这些脑力劳动可以减轻了，代替了. 我们可以腾出脑袋来进行其他更复杂更难得多的脑力劳动，再来尝试是否有方法可以减轻或者是代替这个更复杂的脑力劳动.

我们想将脑力劳动用别的方法来代替或者说是机械化，用某种形式的机器来代替或者至少是减轻, 这个想法可以说是由来已久. 至少在笛卡儿和莱布尼茨的著作里面就经常出现这样的语句. 这两个人都是 17 世纪的科学家. 我们来看一下已经翻译成中文的由美国的历史学家和数学家莫里斯写的一本有名的著作《古今数学思想》. 这本著作中列举了许多笛卡儿和莱布尼茨关于数学是怎样机械化的, 也可以说是怎么样将脑力劳动机械化, 因而或者说是减轻, 或者是代替的想法. 我现在将笛卡儿和莱布尼茨的言论从莫里斯的这本书摘录出来. 笛卡儿认为 "代数可以使得数学机械化 (英文是 mechanize mathematics), 因而使得思考和运算步骤变得容易, 而无需花很大的脑力. 这也可能使数学创造变成一个几乎是自动化的工作". 这虽然是一个理想, 但是它说明笛卡儿有一种思想, 怎么样将艰难的脑力劳动减轻, 甚至于变得轻而易举用适当的方式来代替. 笛卡儿又讲 "甚至逻辑上的原理和方法也可能用符号来表示, 而整个体系则可用之于使一切推理过程机械化". 英文是 mechanize all reasoning, 即使一切推理机械化, 也就是用某种形式的机械设备来代替. 这是一个非常伟大的想法. 要实现这个目标是不是可能? 我们只能是朝这个方向去做, 当然这是一个理想的境界, 这也需要更多的努力. 这是笛卡儿已经想到的. 数学要经常推理, 推理是一个非常艰难的重脑力劳动, 这一点搞数学的都知道. 像过去的工业革命中的重体力劳动可以用机器来减轻、代替. 重的变成轻的, 难的变成容易的, 费劲的变成不费劲的. 脑力劳动也是这样的, 笛卡儿就提出来, 实际上脑力劳动也可以这样做. 莱布尼茨也曾经提出类似的想法. 莱布尼茨讲 "我为一种宽广运算的可能性所激动. 这种演算使得人们在一切领域中能够机械地、轻易地去推理". 英文是 to reason in all field mechanically and effectively, 机械化可以不费什么脑力来完成. 莱布尼茨同时也讲, "这种广义的科学也可以用一种几乎是机械的方法 (英文是 in a mechanically way), 结合起来." 总之, 笛卡儿和莱布尼茨都有这种脑力劳动机械化的想法. 这无非是将艰难的、艰苦的脑力劳动减轻, 甚至于用某种形式来代替, 这是他们伟大的思想和希望.

在历史上也的的确确在笛卡儿和莱布尼茨以后, 这种想法得到许多很大的发展. 下面我们来列举一下历史上有哪些发展. 我们已经说过笛卡儿和莱布尼茨有过这种伟大的抱负, 希望把脑力劳动机械化, 把繁重的重脑力劳动减轻, 甚至于用某种方式来代替. 在笛卡儿和莱布尼茨以后, 这种想法也不断地发展. 我们就把一些比较重要的方面来描述一下. 一个是布尔, 学过计算机的都知道布尔代数. 这是一个逻辑推理形式化的重要的步骤, 这是 19 世纪的发展. 还有一个, 大家都知道的怀特海和罗素, 这两个人都从事数理哲学的研究工作, 并写了两本有名的书, *Principia is Mathematica* (《数学原理》, 1910—1916 年). 接下来是希尔伯特, 他是 20 世纪最伟大的数学家之一. 我们知道希尔伯特在 1900 年巴黎的国际数学家大会上作了一个报告, 报告的题目是《数学问题》. 在这个报告中列举了 23 个他当时认为重大的数学问题. 这 23 个问题的研究占据了整个 20 世纪很大一批数学家的脑力劳动. 这些问题有的有进展, 有的到现在还没有解决. 希尔伯特在这方面起了很大的作用. 此外, 希尔伯特还提出了数学公理化的运动, 影响了整个数学的发展. 同时还创立了数理逻辑, 把逻辑思维形式化变成一个单独的学门. 在数理逻辑里面, 他还特别提出了一个证明的理论, 叫证明论, 是数理逻辑中一个比较重要的部分. 另外他还想证明数学本身是没有矛盾的, 就是说如果推理下去, 永远不会推出矛盾的, 他将这个称为数学的可容性. 可容性是指彼此相容, 是相容性问题. 他认为数学是不会出现矛盾的, 而且想加以证明. 这是希尔伯特在晚年的时候的一个非常大的理想和抱负. 可是在 1931 年有一个数理逻辑学家, 哥德尔 (Gödel), 指出希尔伯特想证明数学的相容性是根本不可能的. 他的论文指出一个谁也没有想到的事实: 一个命题尽管知道是对的, 但是不一定能够证明. 所以说, 希尔伯特想证明数学的相容性是不可能的. 不管它是对的还是不对的, 都不可能证明的. 这是通过严格的数理逻辑的证明得出来的. 哥德尔做出了这么一个震动整个数学界的工作. 明明知道是对的, 但却不一定能够证明, 这里面有许多曲折的过程, 在这里我就不去多说了. 另外, 在 20 世纪 20 年代, 有一个法国的数学家叫做 Herbrand. 他是 1908 年生, 1931 年死, 才 22 岁, 可是已经在数学上做出很大的贡献. 他以前主要是在代数方面非常出名的, 但是在一次不幸中在 22 岁就去世了. 在他去世之前, 大家熟悉的是他在代数方面的工作, 然而他还有一个工作是和计算机有关的. 他提出, 在数学中常常要证明一些形形色色的定理、命题, 不管是什么样的定理, 如果把它形式化以后, 变成一个逻辑形式的定理、命题. 他提出这样一个算法, 可以依照这个算法一步一步做下去, 如果这个定理是对的, 那么在一定的程度, 这个算法就会告诉你这个定理是对的. 但是遗憾的是这个算法是不完全的, 在这个定理是不正确的时候, 这个推理过程就会永远没有完了. 所以说他的这个算法是不完全的算法, 但是已经是很了不起了. 至少在这个定理是对的时候, 你可以按照他的这个算法在计算机上编好程序来证明是对的. 他提出了一个真正证明正确定理的有效算法, 理论上是有效的. 从此以后, 许多数学家和数理逻辑学家都用这个方法来证明. 但是大家都知道, 计算机有一个信息爆炸的问题. 大家都知道印度有一个古老的故事: 一个国王问一个手下要什么赏赐, 这个手下就说要粮食, 并说在一个棋盘上的第一个格子上放一粒米, 在第二个格子上放两粒米, 在第三个格子上放四粒米, 按照这样放下去, 我就要这些米. 国王说这太简单了. 但是由于级数的爆炸, 到最后再多的米也不够放的. 因此 Herbrand 的算法也有这样一个问题, 按照他的算法的步骤推下去, 一分为二, 二分为四, 不要说当时的计算机的能力, 就是现在的计算机也受不了. 所以说, 他的这个算法理论上非常漂亮, 尽管美国的许多科学家在以后对这个算法作了许多的改进, 但是都没有多少效率. 如果沿着这个方向去做, 就不可能得到真正有意义的东西. 但是不管怎么样, Herbrand 提供了这样一个手段, 有这样一个创造性的思维, 提供了多少可以实行的算法. 因此, 美国的自动推理的学术界就建立一个奖项, 叫

Herbrand 自动推理奖, 借此来纪念他的这个伟大成就. 由于 Herbrand 提出的自动推理算法是针对所有可能的定理和命题的, 是包罗万象的, 所以要得到一个有效的算法当然是很难的, 如果找出来是不可思议的. 假定我们把这个范围特殊化, 不考虑所有可能的情形, 而只考虑某种特殊的情形, 那么就有可能得到一个非常有效的、真正能够做到的方法, 事实就是这样. 这事, 华裔数学家起了很大的作用, 他就是王浩, 他在国内是清华大学毕业的. 他在国外工作的时候创造了一个方法, 可以把前面提到的怀特海和罗素写的《数理哲学》这本书里面的几百条数理逻辑命题, 在机器上很快地全部证明出来. 这震动了美国的当时的学术界. 这可以说是用计算机来从事数学工作的一个比较有代表性意义的很大的成果. 这事出现在 1960 年. 在此之前, 还在 1950 年时, 波兰出生的数理逻辑学家塔斯基 (Tarski), 提出了一个方法, 可以证明和否决初等代数与初等几何中的任何命题. 只是他的方法过于复杂, 并无实效. 因此事实上任何稍有意义的定理证不出来.

从这也可以看出塔斯基当然是非常了不起的. 他能够想到这样一个一般的办法来证明初等几何里面的任何定理, 或者证明它是对的, 或者证明它是错的. 可是这里面还有一个实际效率的问题. 你说能够做到, 但是事实上是做不到的. 比如说愚公移山, 我说我可以世世代代移下去, 一样可以把山移走, 这不是一样的吗? 这里还有一个效率的问题. 理论上是可以做到的, 但是实际效率却是不高的. 上面是我列举的历史上从笛卡儿和莱布尼茨以来在数学机械化上的一些尝试和一些进展. 前面所讲的是处在一个或者计算机还没有出现或者是计算机出现不久的时代. 而到了上个世纪 40 年代, 计算机出现以后, 而且计算机得到不断的改进, 相应地我们进入一个信息的时代. 我们可以提出脑力劳动机械化的问题就不是一个空洞的问题, 而是一个有实际含义的、有真正内容的、值得真正考虑的问题. 相应地在科学上也出现了一些新的学门, 这里我们可以提到的是人工智能. 人工智能无非是想要尝试将脑力劳动机械化以计算机为有效手段来加以实现. 这些尝试包括机器翻译、机器诊断、机器推理、机器下棋, 还有各式各样代替脑力劳动的专家系统等等. 这说明人工智能是一个非常热的学门, 一直到现在还是这样. 美国对这方面的发展是非常重视的, 而且军事部门也给予相当的重视. 比如说起下棋, 美国就曾经制造了一个机器, 一个人编了一个下棋的程序后送到这个计算机里面. 然后和国际象棋的世界大师卡斯帕罗夫比赛, 结果卡斯帕罗夫在比赛中还输了一次. 不过这是不是就能说明脑力劳动的机械化、下棋的机械化? 我说这里有这样一个问题, 机器下棋是将下棋编成一个程序送到计算机里面去, 然后和象棋大师比赛. 象棋大师是在用真正的大脑来考虑问题, 而机器是根据人编的算法程序来考虑问题. 人编的算法程序是怎样来的呢? 它是将许多大师过去的经验汇总起来编成算法程序放到计算机里面. 那么我说人的经验并不是什么都知道, 因此所编的算法程序不是十全十美的. 这里我开一个玩笑, 假如我下一步非常臭的臭棋, 这个臭棋不要说是象棋大师不会这样下，就是一个外行也不会这样下．因为所编的程序是根据有一些有名的大师的经验做的，所以对于这样一步奇臭无比的臭棋下法，它是不会考虑进去的．因此当你下这样一步臭棋的时候，这个计算机就不知所措了，当然这是非常极端的例子．还有许多这样的例子，比如说机器翻译．我们将中文翻译成英文，或者是将英文翻译成中文．然而一个英文的单词有许多不同的中文解释，一个中文的字也会有许多不同的英文解释，那么到底取哪一个解释呢？而且同样一个中文字在这个位置是这个意思，而换了一个位置的意思就可能不一样，所以你找不到一个客观的判断：碰到这样的情况怎么办，碰到那样的情况怎么办．如果你找不到这样一个一般的法则，那么当你编程序告诉计算机如何来判断的时候就无能为力了．诸如此类，我们也可以看出人工智能的方向是对的．它是想通过计算机这个武器来部分地代替脑力劳动或者是减轻脑力劳动．它可以取得某种程度的成功，可是它不可能——像我们刚才所说的——找到彻底的成功．那么怎么样才能做到真正彻底的成功呢？下面我们就来看一下计算机是如何作用的．

在此之先，我们讲的都是脑力劳动机械化的例子．这里我先讲一个脑力劳动非常不机械化的例子，这就是几何定理的证明了，我们在中学就深有体会的．定理有一个假设和一个结论．所谓的证明就是从假设出发，根据已经肯定的公理和已经证明的定理一步一步推下去，推出一个新的结论，然后再根据已经证明的定理再推下去，再推出一个新的结论，这样一步一步推下去，到最后如果能够到达所要证明的结论的话，这就是证明．可是每一步没有一个标准，公理有几十条，究竟取哪一条呢？已经证明的定理有成百上千，究竟根据哪一个？这个选择的标准是什么样的？我们学过几何的都知道，没有人提出在这个情形应该用那条定理，在那个情形应该用这条定理．我想几何教科书里也从来没有过，它也不知道该怎么办，不知道如何选择．那么主要要靠高度的智慧、巧妙的推理、神奇的添线，经过迂回曲折的步骤，这根本是无法可循的．所以欧几里得有一句有名的话："几何无王者之路"，不管你是普通的奴隶，还是尊为君王，想在几何上面找到一条最轻而易举的大道是不可能的．只有天才式的人物从事天才式的工作才能够证明这个几何定理，那个几何定理．因此它和机械化的思想与笛卡儿提出的推理自动化相差万分遥远．

相反也有许多与欧几里得提出的没有王者之路唱反调的．我可以举两个例子，都是国外的数学家．一个是法国的几何学家 M. Charles，他写了一本书《几何学概观》，提出了一个某种程度机械化的处理方式，而且他说他所提出的方式使得从此以后为几何学大厦添砖加瓦，已经不再需要天才人物了．欧几里得几何是无王者之路的，只有天才人物才能搞．但是 M. Charles 唱反调，他说从此以后只要按他的想法，几何不需要天才，你笨也照样证难题．这是他的一个反调．还有一个是数学哲学家怀特海，他讲数学的最终目的是消灭任何聪明思想的需要．数学的目的是这样的，不仅是几何．这是与欧几里得的王者之路想法相反的．

3. 数学机械化的研究及进展

我在 1978 年,"文化大革命"刚刚结束不久,写过一篇文章《数学的概念和发展》,登在 1978 年的《现代科学技术简介》上. 同时在《吴文俊论数学机械化》(1995年) 中也提到过这方面的问题. 在 1978 年的《现代科学技术简介》中我主要是讲定理机械化证明的真实意义. 某些或某类定理的证明, 可以通常是虽然简美但是奥妙因而颇为艰难的方式, 这种艰难的脑力劳动我想大家都深有体会. 我们不是用这种艰难的方式, 而是采用虽繁琐但刻板, 因而较为容易的方式. 换言之, 即使质的困难转化为量的复杂, 就像在解析几何中, 将几何问题转化成代数问题, 从而将一个理论证明问题转化成一个具体的计算问题. 当然, 怎么样计算本身也是一个难题. 如果对这个计算问题, 我们能够找到一个途径, 可以按部就班地进行, 那么总是要比原来几何推理论证的方式有利得多. 而且在计算机的时代, 计算对于计算机来说是不在话下, 所以就可以找到一条有效的途径来进行. 这是大概的意思. 怎么样将几何推理论证的问题转化成一个计算问题, 大体上说就是将质的困难转化成量的复杂. 而后者对于计算机来说是轻而易举的. 因而使得定理的证明化难为易, 这样电子计算机就可以使得人们从某些逻辑推理的脑力劳动中解放出来, 因而数学家得以把聪明才智更多地用到真正创造性的工作上去. 我们的目的不是消极的而是积极的. 将脑力劳动用到更有意义的工作上去, 这才是我们的真正的目的所在, 这也是定理机械化证明的真实意义.

在过去的工业革命中, 数学家是起到非常大的推动作用. 前面我已举了许多的例子来说明如何来减轻脑力劳动, 使得脑力劳动机械化、自动化、可以不费吹灰之力的这种宏伟的想法, 这种想法是出之于两位数学家笛卡儿和莱布尼茨之口. 我们后来又举例子说明了历史上许多如何简化脑力劳动, 还有沿着笛卡儿和莱布尼茨的方向的发展. 在这些发展过程中所出现的都是数学家. 这不是说我是搞数学而去专门找数学家来说话. 这个方面出现的数学家不是偶然的, 而是有它的道理的. 为什么这方面出现的都是数学家呢? 这是有它的真正的内在的规律原因的. 客观上是需要数学家在这方面提出真正意义的想法, 而且的的确确提出了许多想法, 取得了很大的进展.

数学有两大特点, 一个是基础性, 还有就是应用性. 基础性我想就不用再说明了. 我们经常听到说数学是科学的基础, 而且是基础的基础. 任何东西归根结底最后都是数学. 应用性和基础性不是矛盾的, 而是相辅相成的. 为什么数学是基础的基础呢? 因为数学所从事的对象是世界上最简单的两个方面, 一个是数, 一个是形, 数与形是最基础的东西, 所以研究数与形的数学是具有基础性的, 而且成为各种科学的基础的基础是有客观原因的. 这是因为它研究的对象是最根本的、最简单的, 而且数与形是无处不在的, 所以研究数与形的学门所得出的各式各样的成果自然而然就通过数与形贯穿到各个学门里面得到相应的应用．因此既有很深的基础性又有广泛的应用性是有它的客观原因，就是数学所研究的数与形是最根本的和最广泛的现象．数学是典型的脑力劳动．因为数学既有基础性又有广泛的应用性，所以作为脑力劳动的机械化，数学的机械化应该具有优先权，而且也有很大的迫切性．在所有的脑力劳动中如果不把它排在最前面是说不过去的，我想没有任何其他的学门能与数学竞争．前面所提到的许多数学家对数学机械化提出形形色色的意见也不是很难理解的．因此数学是最有资格率先实现脑力劳动机械化的．这里我也为数学家鼓气．

不仅如此，在各种脑力劳动机械化方面，数学这种脑力劳动机械化比之于其他形形色色的脑力劳动的机械化更容易突破，更容易取得成功．看起来数学好像是最难的，在学校里面最伤脑筋的就是数学了，这是一种普遍的民间舆论．可是我在这里要唱一下反调，事实上数学作为脑力劳动机械化在所有的脑力劳动机械化中是最容易突破的，最容易成功的．为什么呢？我不是瞎说，这是有一定的道理的．下面我就说一说我的道理．数学是非常严密的、精确的和简明的．而其他的学门要做到这三点则是比较少见的．因此数学作为脑力劳动既然有其他的学门所没有或者是少有或者不太有的这三个特点，所以数学这种脑力劳动的机械化是既容易突破又容易成功的．事实上也的确是这样的，我们有事实加以证明．

我们的数学机械化最早的成功就是几何定理的机器证明．很难的几何定理可以在计算机上证明，主要是我们找到了一种方法，就是前面我们讲到的可以将几何形式转化成代数的形式，把推理论证的形式转变成一种计算的形式．同时我们找到了一条具体计算的步骤、方法，也就是找到了一个合适的算法．根据这个算法，我们编成程序送到机器里面去．对于一个定理，我们把定理的假设变成代数的形式，送到机器里面去，同时把定理的结论部分也变成代数的形式送到机器里面去．机器就可以根据编好的程序，告诉机器从假设的代数形式出发，如果碰到这种情况怎么办，碰到那种怎么办，这样一步一步做下去，最后就可以得到结果，告诉你这个定理是对的还是错的．我们就是按照这种方法做的，过去许多用传统的方法比较难证的定理，用我们的方法证明就变得轻而易举．而且经过实践，许多比较难的定理在机器上证明的时间是以秒为单位计算的．现在的计算机的速度越来越快，那么恐怕证明的时间要以千分之一秒来记．也就是说，对于这种没有王者之路的艰苦的脑力劳动，我们通过某种形式也可以轻而易举地证明，并取得成功．这说明，数学作为典型的脑力劳动的机械化，在各种脑力劳动的机械化中既具有优先权又有迫切性．而且比之于其他的脑力劳动的机械化更容易取得突破和容易取得成功，这就是一个具体的例子．当然数学作为脑力劳动，里面不仅有几何定理的证明，问题多得很．数学的内容非常广，形形色色的问题也非常多，脑力劳动的内容丰富多彩．我刚才讲的只是在初等几何定理证明的一个很特殊的数学里面的脑力劳动，数学还有许许多多无数的脑力劳动等待着我们去找到相应的合适的途径来实现机械化，这是今后几个世纪的事情．我只是指出来，通过这个例子说明数学由于它的严密性、精确性和简明性而作为脑力劳动的机械化有可能容易取得突破和成功．下面我们来说明一下计算机用于脑力劳动的机械化是怎么样进行的．

计算机有两个特点，一个是程序性，就是计算机的程序是一步一步进行的，还有一个就是有限性，它的时间和容量都是有限的，不管计算机有多么大，也不管计算得有多么快，它在有限的时间里总是要停下来的．我们要充分利用计算机来减轻脑力劳动的负担甚至是代替，就是要充分利用计算机的这两个特点．我们主要是通过算法来利用计算机．在中国的古代，算法被称为术．算法就是计算的方法，是按次序进行的而且是在有限步能够完成的，这正好符合计算机的特点．有了算法以后就可以编成程序，然后送到计算机里面去，再把原始数据送到机器里面去，于是计算机就可以按部就班地进行，最后得出答案，这就是计算机进行计算的大致的步骤．

美国计算机科学方面的大师 Knuth 1974 年在《美国数学月刊》(一本美国数学通俗杂志) 上写过一篇文章《计算机科学和它与数学的关系》，在这篇文章里，Knuth 明确地说: "所谓计算机科学无非就是算法的科学." 有了算法以后, 你就可以让计算机按照算法来进行. 所以说, 计算机科学就是算法的科学. 下面我们来谈一下今天报告的主题.

我说数学机械化起源于中国，我来说一下我的道理．我把中国和西方进行一下对照，我们中国的数学和西方有许多不同之处．我来列举几处: 第一, 在思想方面, 中国是机械化的思想, 而西方是公理化的思想. 第二, 在起源方面, 中国的数学起源于中国的传统数学, 来自远古, 大致是公元 13 世纪以后停顿下来. 而西方的数学是起源于古希腊的数学. 第三, 在代表作方面, 西方数学的代表作是公元前 3 世纪欧几里得的《几何原本》, 我们中国的数学的代表作是公元前 2 世纪或者是 1 世纪的《九章算术》和公元 263 年三国时代魏晋时期的刘徽写的《九章注》. 第四, 在成果方面, 西方数学的成果大多数都是以定理的形式来表示的. 而中国传统数学的成果往往是以算法的形式来表示的, 算法就是方法的意思. 因此在体系方面, 中国的数学的算法体系和西方的以证明定理为主的演绎体系虽然不是互相矛盾的, 但是却是不一样的. 当然各有各的特点, 中国传统数学的特点一个是面向应用, 一个是注重问题的求解, 从问题出发而不是像西方的从公理出发. 从已知的数据出发到未知的数据, 往往能够用一个方程式来表示. 这个方程式就是我们现在所学的多项式方程式. 因此我们中国几千年的传统数学主要就是围绕着求解形形色色的问题, 即各式各样多项式方程式解的问题. 西方的数学是以证明定理为主的一种推理论证的演绎的体系. 这当然有它的道理, 西方注重内在的因果关系: 由什么样的原因, 产生什么样的结果. 这个因果关系往往表示成假设和结论的关系, 所以从假设出发证明结论,这种的证明定理就成为西方数学的一个主要的内容. 这就是中西方在数学上的一个对照, 这只是我的理解. 下面我们来举一些具体算法的例子.

欧几里得的《几何原本》是演绎体系的代表作, 主要是证明定理. 可是在欧几里得的《几何原本》有一个比较特殊的例子, 叫做欧几里得算法, 也叫做辗转相除法, 主要是求最大公因子. 欧几里得的《几何原本》中都是演绎公理和定理的, 但是这个例子却是占有特殊地位的一个例子. 我们中国的传统数学里面也有一个相应的结果, 是求等数术. 等数是古代数学的一个专用名词, 就相当于现在的最大公因子. 这个术就是求给定的两个整数的最大公因子. 算法是这样说的: "以少减多, 更相减损, 求其等也." 就是从大的数中减去小的数, 辗转相减, 最后求出最大公因子. 例如, 求 12 和 21 的等数, 先从 21 中减去 12, 得到 12 和 9, 也就是说 12 和 21 的等数就是 12 和 9 的等数, 再从 12 中间去 9, 得到 9 和 3. 以此类推, 可以得到 6 和 3, 3 和 3. 3 和 3 相等, 则这个相等的数就是我们要求的最大公因子, 即等数. 这是一个非常简单的算法. 我们中国传统数学的大部分是由这样形形色色的术或者说算法所组成的.

我们再举一个例子, 作为数学机械化举例. 第一个是加减乘除, 都是按部就班地进行的. 中国在春秋战国时代就有这样的算法. 计算机中最基本、最重要的就是加减乘除, 现在我们是用晶体管或者是集成电路来完成, 计算机中完成加减乘除运算的最基本的逻辑元件就是根据这个算法来完成的. 然后用程序把它实现, 用逻辑元件来实现. 如果没有算法, 你就不知道加减乘除怎样来算. 再复杂一些的就是开平方和开立方, 在《九章算术》是开平方术和开立方术. 解线性联立方程组, 在《九章算术》里有方程术和正负术, 都是用术来表示的. 还有就是求最大公因子, 就是刚才讲的求等数术. 还有一个物不知数问题: 就是求一个数, 已知 3 个 3 个数的余数, 5 个 5 个数的余数, 7 个 7 个数的余数. 这是一个游戏问题, 它是从天文方面来的, 有非常重要的意义. 在很早以前的编历法中, 就是要哪一年的哪一天的节气是什么. 编历法就需要数学, 特别是需要像求解物不知数问题的算法, 然后才能编成一个历法来. 这个问题的一般形式是到了宋朝时候的大衍术, 传到国外以后就叫做中国剩余定理, 在数学基础理论方面也起了很大的作用. 还有高次方程的数值求解, 有宋朝的正负开方术等等. 还有就是元朝的求解一般方程的算法, 它可以求解多个未知数的多项式方程组. 当然这个算法现在看来有些不完全, 同时由于当时的计算都是在算板上进行的, 所以有一些限制条件, 只能求解最多四个未知数的方程组. 事实上这个想法和方法与未知数的个数没有关系, 我们刚才讲的几何定理的机器证明某种程度上的成功, 就是得益于这个宋元时代的许多新意, 当然还要进行一些加工. 总的说起来, 术就相当于法则, 也就是我们现在所说的算法. 我们中国古代有许许多多术的例子. 从这些我们可以看出来, 中国传统数学就是算法型的数学. 根据 Knuth 所说的所谓计算机科学就是算法的科学, 因此可以说中国的传统数学是适应信息时代的计算机数学.

现在让我们再回到早先的话题. 我们说过去的工业革命是体力劳动的机械化, 其中在数学方面出现了许多有名的人物对工业革命和技术革命起了很大的推动作用, 同时数学本身也得到很大的发展. 现在我们进入了一个信息化的时代, 这是一个以信息化为标志的新型的工业革命和技术革命的时代. 科学技术是第一生产力, 我们为了要提高我们的劳动生产率, 在过去的工业革命和技术革命是通过用机器来代替体力劳动的方式实现的. 那么在新的时代里面我们应该考虑脑力劳动的机械化, 就是要通过新型的某种形式的机器, 比如说计算机, 怎么样减轻或者是代替某种形式的脑力劳动, 由此来提高我们的劳动生产率. 这是我们现在所面临的一个很现实的问题. 特别是中国数学家怎么办? 中国的数学怎么办? 这是值得好好考虑的. 答案是什么呢? 我想我就不再多说了, 我刚才所讲的话事实上已经说明了我对这个问题的看法和我对这个问题的答案. 中国的数学家在这个新型的工业革命时代应该怎么做, 怎么想, 怎么考虑, 用什么方式来实现十六大提出的三个代表之一的科学技术的现代化. 至于是不是适当, 我只能说我个人的看法, 是否得当, 还要请在座的诸位来加以批判和批评.

参考文献

[1] Wu Wen-Tsun. On the decision problem and the mechanization of theorem-proving in elementary geometry[J]. Scientia Sinica, 1978, 21: 159-172; re-published in [B-L], 1984: 235-242.

[2] Wu Wen-Tsun. Some remarks on mechanical theorem-proving in elementary geometry[J]. Acta Math Scientia, 1983, 3: 357-360.

[3] Wu Wen-Tsun. Some recent advance in mechanical theorem-proving of geometries, in [B-L], 1984, 235-242.

[4] Wu Wen-Tsun. Basic Principles of Mechanical Theorem Proving in Geometries (Part on Elementary Geometries) (in Chinese)(M). Beijing: Science Press, 1984; English translation by D M Wang, et al. Springer, 1994.

[5] Wu Wen-Tsun. Basic principles of mechanical theorem-proving in elementary eometries[J]. J Sys Sci & Math Scis, 1984, 4: 207-235. Re-published in J of Automated Reasoning, 1986, 2: 21-252.

[6] Wu Wen-Tsun. Equations-solving and theorem-proving: Zero-set formulation and ideal formulation[A]. Proc Asian Math Conf[C]. Hongkong(1990), China, 1992: 1-10.

[7] Wu Wen-Tsun. A mechanization method of equations-solving and theorem-proving[J]. Adv in Comp Res, 1992, 6: 103-138.

[8] 吴文俊. 吴文俊文集 [M]. 济南: 山东教育出版社, 1986.

[9] 吴文俊. 吴文俊论数学机械化 [M]. 济南: 山东教育出版社, 1995.

[10] 莫里斯·克莱因. 古今数学思想 [M]. 上海: 上海科技出版社, 2002.

Mental labor mechanization and mathematics mechanization in computer era

Abstract The history and recent research status of mental labor mechanization and mathematics mechanization are introduced.Industrial revolution makes people realize physical labor mechanization and improve social productivity since 1600's.At the beginning of this century, the appearance of electronic computer is to lay a substancial foundation for mankind to realize the mental labor mechanization.In the present information era with the appearance of the powerful tool, computer,what kind of innovation on mathematics should be in made accord with the information era? Looking back on mathematical history, there are mainly two kinds of thoughts, axiomatism thought and mechanization thought.The former has its root in Greece and the latter runs through the whole mathematical history of ancient China. The two thoughts have ever greatly contributed to the development of mathematics.The mechanization procedure of determining square root, completed in the beginning of Han dynasty and the mechanization method of solving algebraic equations system of high order, created in Song-Yuan times, are all based on the idea of mathematical mechanization.Axiomatic thought dominates the area of modern mathematics and pure mathematics.However, many important improvements on axiomatic thought in the area of mathematics owe much to the mechanization thought.Based on the above consideration, academician Wu Wentsun advocates the research on mathematical mechanization.

Key words industrial revolution; mathematics; computer; artificial intelligence; headwork mechanization; mathematics mechanization; deduction; algorithm

Some Developments of Chinese Mathematics in the Computer Age*

Wu Wenjun (Wen-Tsun Wu), a mathematician, is a research professor at the Academy of Mathematics and System Sciences and the honorary director of the Institute of Systems Science, Chinese Academy of Sciences (CAS). He is also a member of CAS and the Third World Academy of Sciences. He had served as the president of the Chinese Society of Mathematicians (1984-1987), director of the CAS Division of Mathematics & Physics (1992-1994), and a member of the national committee of Chinese People's Political Consultative Conference (CPPCC) and its standing committee member.

Wu's research covers many aspect of mathematics, two of which deserve special attention. In the fifties, Wu made groundbreaking contribution to topology by discovering the Wu class and Wu formulas. After 50 years, these classic results are still used, e. g. by Fields Medal recipient E. Witten (1999). Since 1975 Wu devoted himself to the creation of a new discipline which he called Mathematics Mechanization. The Chinese ancient mathematics is constructive and computational with results mainly expressed as algorithm readily adapted to modern computers. Inspired by this, Wu developed a theory of zero-set structure of polynomial systems, known as Wu's method. The method had been applied with great success to Mechanical Geometry Theorem-Proving, which is considered as a landmark in the field of Automated Reasoning. Wu also applied his method to mechanism design, robotics, CAGD, etc. Wu has received the following awards for his scientific contribution: First Prize Chinese National Natural Science Award, 1956; Tan Kah-kee (Chen Jia-geng) Prize in Math-Physical Sciences, 1993; Distinguished Scientist Award, Qui Shi Science and Technology Foundation Hongkong, 1994; Herbrand Award on Automated Deduction, 1997;

National Supreme Award of Science and Technology, China, 2000.

---

* 本文摘自 *Science Progress in China*. Elsevier, 2003.

1. Some Characteristic Features of Chinese Ancient Mathematics

The present-day mathematics is governed by the deductive axiomatic treatment with theorem-proving as its main concern which had its origin in the ancient Greek mathematics represented by the Euclid's *Elements of Geometry* of 3cB. C.. In contrast to this the ancient Chinese Mathematics paid little attention to theorem-proving and had even no such notions of axioms, theorems, and proofs. In fact, the Chinese ancient mathematics was rather applications-oriented, with problem-solving as its main concern, and the problems to be solved arose usually from practice, the rudimentary commerce of goods exchange, the area and capacity measuration, the reconstructions, the official administrations, etc.

As the known data of the problem to be solved and the resulting values to be sought for should be connected by some kind of equations, naturally and most frequently polynomial ones, so solving of polynomial equations became the main concern of Chinese scholars for thousands of years in ancient times.

The most important Chinese classics in mathematics which had been preserved up to the present day are universally recognized to be the *Nine Chapters of Arithmetic* completed in 1c B. C. and its *Annotations* in year 263 A. D. due to Liu Hui in the Period of Three Kingdoms (220—265 A. D.). Below we shall denote these two classics by *NC* and *AN* respectively.

Already in *NC* there appeared methods for problems equivalent to the solving of simple linear equations and simultaneous linear systems of equations in the present day. There appeared also methods of square and cubic root-extraction equivalent to the present-day solving of simple quadratic and cubic equations. Since very remote times China had a perfect place-valued decimal system of positive integers, however large it may be. In solving the above-mentioned equations corresponding to the completion of some kinds of computations, the ancient Chinese scholars had successively enlarged the number system of positive integers to fractions, to negative numbers, and to (root-extraction)-irrational numbers. Liu Hui in *AN* even introduced the notion of infinite place-valued decimal numbers together with some limit concept and apparatus so that a complete real-number system was already arrived in that time. We have to point out that in Europe it was only in the later half of 19th century that the real number system was completed in diverse involved ways.

From the time of *NC* and *AN* onwards the solving of polynomial equations had been incessantly developed in China and cultivated in some classic (1247) of Song Dynasty (960—1279 A. D.) to general methods of numerical solutions of polynomial equations of arbitrary degree in numerical coefficients.

In Song and Yuan Dynasty (1271—1368 A. D.) there occurred a creation of utmost importance, viz. the introduction of the notion of Heaven's Element, Earth's Element, etc., corresponding to unknown's in the present-day terminology. These notions rendered the previous intricate task of turning a problem into equations almost a triviality. Moreover, in treating the Heaven's Element, etc. as some new kind of numbers added to the real number system so that arithmetic operations may be done in the usual manner, there will naturally be introduced the notions corresponding to present-day polynomials and rational functions, as well as their algebraic manipulations with elimination procedure in particular. All these imply the essence of modern algebraic geometry and modern (polynomial) algebra in some sense. Moreover, these developments led to ideas and methods for the solving of systems of polynomial equations actually in arbitrary number of unknown variables.

The methods were clearly described in some classics (1299, 1303) due to the scholar Zhu Shijie of Yuan Dynasty. Though naturally there were many defects and incompleteness in these methods, they became the starting point of our general study in the present computer age.

It is very important to point out that all the methods of polynomial equations-solving occurred in our ancient mathematics were expressed in the form of Shu literally meaning rule or method which are actually equivalent to the present-day algorithm. Thus, the solving of simultaneous linear equations was expressed in the form of Rectangular-Array Shu and Positive-Negative Shu for transposition of terms. The solving of (simple) quadratic and cubic equations were expressed in the form of (Square and Cubic) Root-Extraction Shus, (eventually with Cong Shu). The numerical solving of polynomial equations with numerical coefficients in arbitrary degree was expressed in the form of Positive-Negative Root-Extraction Shu. The solving of (simultaneous) high-degree polynomial equations is expressed in the form of Tian-Yuan Shu, 4-Element Shu, etc. . There were in fact many Shus of diverse character in our past-time classics.

Besides polynomial equations the present-day so-called Diophantine Equations were also studied in our ancient mathematics. Thus, already in the classic *NC* there was a problem solved by some Shu which gave the complete set of exact integer-values of the three sides of a right-angled triangle (called Gou-Gu Form) in our ancient times. In *AN* Liu Hui gave even a logically rigorous proof of this Shu (of course in a style different from the usual Euclidean type). We remark in passing that general formulae about the integer-valued sides of right-angled triangles did not appear anywhere else in ancient times other than China until hundreds years later in Diophantine's work and without any indication of proof. In fact, most of historical works on mathematics gave false descriptions in this respect.

The calender-making of China since quite remote times led to the problem of solving some kind of congruence equations in the present-day terminology. Successive developments cultivated to the Da-Yian 1-Seeking Shu in the 1247- classic mentioned above. When the above result was transmitted later to Europe in 18th century it was henceforth known as Chinese Remainder Theorem which played an important role in modern mathematics.

The present-day so-called binomial coefficients together with some associated Diagram equivalent to the later known Pascal Triangle were already discovered in Song Dynasty around 10c A. D.. It was created with the purpose of high-degree root-extraction equivalent to the present-day solving of equations of the form $x^n = a > 0$, where n is an arbitrary positive integer. Also in Song Dynasty the great politician and great scholar Shen Kuo (1031—1095 A. D.) had created some theory and Shus dealing with formulas alike to the present-day combinatoric identities. Shen's creation had been much extended in Song and Yuan Dynasties with for example an identity which was re-discovered in recent years and was called accordingly Formula of Zhu Shijie and Van der Monde in the literature.

In conclusion, the ancient Chinese mathematics had the characteristic features of being applications-oriented and even highly practical, being computational, constructive, and algorithmic. In fact, most of important results in our ancient mathematics were expressed in the form of Shus, corresponding in general to the present-day algorithms, which may readily be turned into programs to be run on the computers, if one likes. As pointed out by D. E. Knuth, computer science may be considered as a science of algorithms. In this sense our ancient mathematics may be considered as a kind of computer mathematics. Its intrinsic value and possible influence in the nowadays computer age are quite clear.

The brilliant development of our ancient mathematics declined unfortunately during the Ming Dynasty (1368—1644 A. D.). It was replaced henceforth by the western mathematics of entirely different characteristics. However, the spirit of our ancient mathematics had been revived in China in recent years. In fact, in Institute of Systems Science of our Academy of Sciences, it was established in year 1990 a Research Center bearing the name of Mathematics Mechanization (abbr. MMRC). Through the efforts of members of MMRC and their collaborators spread over a vast part of China, important achievements along the line of thought and spirit of algorithmic method of our ancestors had been done as shown in the next section.

2. Mathematics-Mechanization Studies of China in the Computer Age

Being inspired by the ideas, methods, and achievements of our ancient mathematics, the present author had begun to apply computers to the study of mathematics toward the end of 70th in the last century.

Everybody had learned since his or her study in primary schools how difficult and intricate for the proving of geometry theorems. Under the influence of ancient Chinese mathematics the present author tried in the end of year 1976 to find a mechanical way of proving geometry theorems. For this purpose we first turned to algebraic forms the geometry theorems by means of coordinates. After several months of painstaking trials we ultimately succeeded in discovering some algorithmic way of proving some essential part of elementary geometry theorems by algebraic manipulations. Since that time hundreds of difficult geometry theorems had been trivially proved or even discovered on the computers by this method. Later on our algorithmic method of geometry theorem-proving had evolved to a somewhat general movement of Mathematics-Mechanization with polynomial equations-solving as one of its main concerns.

Following the line of thought of our ancestors with some techniques borrowed from modern mathematics we have been able to give a general algorithmic method of solving arbitrary system of polynomial equations in the case of characteristic zero. The results are expressed in the form of various Zero-Decomposition Theorems about Zero(PS), the Zero-Set of a polynomial system PS. These theorems permit to give a complete explicit determination of the solutions or zeros of an arbitrary polynomial system of equations $PS = 0$ in case of characteristic zero. Our method of mechanical proving of geometry theorems is actually an application of the above general method of polynomial equations-solving. As a further application, we have shown how to determine in some mechanical way the explicit forms of unknown relations known to exist.

The above method of polynomial equations-solving had been extended to the differential case. Thus, for some systems of algebraic-differential equations DPS = 0 there are also Zero-Decomposition Theorems which permit to give a complete set of solutions or zeros in certain sense of such systems. As in the algebraic case, the method had been applied to the mechanical proving of differential-geometry theorems and to the automatic discovery of unknown differential relations. In particular, this had been applied to the automatic discovery of Newton's Inverse-Square Law from the Kepler's Observational Laws. Besides, the method had been applied with great success for the determination of complete set of solutions of soliton-type of a large number of partial differential equations occurring in physics and other realms of natural sciences. All these were achieved by a unique method, while in the literature such solutions can only be found for each individual partial differential equation by some intricate method peculiar only to that equation alone, even often with incomplete set of possible solutions.

A (projective) complex algebraic variety is defined as the (homogeneous) zero-set of (homogeneous) polynomial system. For projective varieties with no singularities, there may be defined the celebrated Chern Classes or Chern numbers via the associated tangent bundle of the smooth non-singular variety in question. For a variety with singularities for which tangent bundle is not defined, then the known method of extending the notions of Chern classes and Chern numbers is a very intricate one and is actually impossible to determine them explicitly in even very simple concrete cases. However, our method of polynomial equations-solving had permitted us to define such generalized Chern Classes and Chern Numbers in a quite simple and natural way which are even explicit and computational. Thus, the well-known Miyaoka-Yau Inequality between Chern Numbers which are known only for complex 2-dimensional nonsingular surfaces of certain type, had been generalized by our method through easy computations to a large number of equalities and inequalities for high dimensional hypersurfaces with arbitrary singularities. The above Miyaoka-Yau inequality is only a very particular extreme case and its truth does not require any limitation on singularities. This shows clearly the powerfulness of our general method.

Optimization problems, or min-max problems, are abound in most fields of science, engineering, and technology. Undoubtedly the solving of such problems are extremely important for our economic constructions. It is well known that such problems are usually solved by various kinds of convergent approximation methods of numerical mathematics. Such methods give usually only isolated and local optimal values. On the other hand when the objective function and the restricted conditions are all polynomial in form, which occur quite often in the nature, then our general method of polynomial equations-solving will give the global optimal values whenever they do exist. In particular, in the case of the important bilevel programming, we have shown that for certain particular examples in the literature, what the global optimal values found by some intricate numerical methods are actually not the global optimal values and are far behind the true global values determined by our method.

Our method of polynomial equations-solving in the characteristic zero case had been extended to the case of finite characteristic. This was applied to theorem-proving in finite geometries. It turns out that the results gave light to the interesting phenomena that the theorems of same hypothesis will give rise to quite different conclusions for even and odd characteristic.

In combinatorics we know that the earliest successful algorithm due to Sister Celine for the proving of combinatorial identities depends somewhat on the solving of some polynomial equations. On the other hand we have discovered some general algorithmic method of directly proving some class of combinatorial identities, including in particular the Zhu-Van der Monde identity mentioned above.

Our method of polynomial equations-solving had also been applied to the study of cryptology and some related problems.

As problems in science and technology naturally lead to polynomial equations-solving, so our general method have naturally diverse applications in science and technology. Thus, we have found new solutions of the well-known Yang-Mills Equations and Yang-Baxeter Equations in theoretical physics, not found before by other methods. Besides, we have applied our algebraic-geometry treatment to find whole set of definite-type solutions of problems in surface-fitting of CAGD. We have also dealt with various kinds of mechanisms involving four-bar linkages, manipulators, Stewart platforms, etc., eventually explicit solutions in some oncrete cases. We have also shown how to apply our method to the study of computer vision, etc., with noticeable success.

There are also further contributions in diverse directions which we are unable to enumerate here. For these we refer to the writings due to members of MMRC and their collaborators.

A general software named MMP independent of any other alike ones has also been completed with the package about our method of polynomial equations-solving as one of the central parts.

3. Future Possible Developments of Mathematics-Mechanization

The mankind is now entering a new era of information or computer age characterized in particular by the presence of powerful tool of computers. In past eras from 18th century onwards the mankind had encountered various stages of industrial revolutions which may be characterized as mechanization of physical labor. In the coming era we will be faced with a new kind of industrial revolution characterized by the mechanization of mental labor. Now mathematics is a typical mental labor. It is universally recognized as the fundamental basis of all kinds of sciences and technologies. At the same time mathematics enjoy the widest applicability to actually all kinds of activities. Hence among all kinds of mental labors, mathematics should have the highest priority and utmost urgency to be mechanized. On the other hand mathematics has the peculiarity of being clear, precise, concise, and unambiguous in its exposition which are not possessed by any other kind of mental labor. Hence among all kinds of mental labors, mathematics seems to be the easiest one to be mechanizable. Our success in the mechanization of geometry theorem-proving shows that this is really the case.

Our Mathematics Mechanization is so proposed to meet the necessity of mechanization of mental labors in the present computer age. However, our development of Mathematics-Mechanization is yet in quite nascent stage. Thus, so far theorem-proving is concerned, what we have done successfully is restricted only to the very narrow and not so important domain of elementary geometry or (local) differential geometry. However, each domain of mathematics has its own problems of theorem-proving, to be solved in some way peculiar to that domain, not necessarily reducible to solving of polynomial equations. Furthermore, it is known from mathematical logic that if the domain of mathematics in consideration is too large in some sense, then the proving of theorems in that domain may be undecidable in logician's terminology, or non-mechanizable in our terminology. On the other hand if the domain in question is too small in some sense, then the theorems to be proved may be devoid of any mathematical interest, though the domain as a whole is mechanizable. In view of this we have launched the following program to be studied in years to come:

Cover as much as possible the whole of mathematics by domains each of which is sufficiently small to be mechanizable, at the same time also sufficiently large to contain lot of theorems or problems of high mathematical interest.

So far polynomial equations-solving is concerned, we remark that our method is symbolic in character, quite different from the usual numerical methods. Such symbolic methods lead usually to polynomials with milliards of terms to be out of control of the computers. It seems that to render our method practically workable, the only way is to develop some hybrid method of combining both the superiority of the symbolic method and that of the numerical method, which should of course have a solid mathematical basis.

The present-day mathematics is somewhat governed by such subjects owing much to the development of calculus which is of somewhat infinite character. On the other hand computers can deal only with objects of finite type, and work only in a finite way. Hence combinatorics as a certain kind of mathematics of finite character seems to become more and more important in the present computer age, the more so in view of information safety closely connected with national defense. Therefore we have to pay more attention to the algorithmic study of combinatorics and its alike than any time before.

We have shown how to automatically derive the Newton's Square-Reciprocity Law from the Kepler's Observational Laws. It gives a concrete example of a general method in automatic discovering of theories in mathematical form from observational or experimental facts and should be tried in diverse sciences in years to come.

Furthermore, though our general method of polynomial equations-solving have wide applications in science and technology, it waits still to become real productive forces in our technology and industry.

Finally, our software MMP needs to be improved and extended to raise up its efficiency and widen its applicability. In short, it waits to become a universal powerful tool to be used by the whole world.

Bibliography

[1] Chou S C. Mechanical Geometry Theorem Proving. D. Reidel, 1988.

[2] Gao X S and Wang D M (Eds.). Mathematics Mechanization and Applications. Acad. Press, 2000.

[3] Mathematics Mechanization Preprints, No. 1-21. Mathematics-Mechanization Research

Center. Institute of Systems Science, CAS, 1987-2002.

[4] Wu W T. Basic Principles of Mechanical theorem-Proving in Geometries (Part on Elementary Geometries) (in Chinese). Science Press, 1984. English translation by Wang D M and Jin X. Springer, 1994.

[5] Wu W T. Mathematics Mechanization, Mechanical Geometry Theorem-Proving, Mechanical Geometry Problem-Solving, and Mechanical Polynomial Equations-Solving. Science Press/Kluwer Acad. Publisher, 2000.

计算机时代的东方数学*

> 我很欣赏一句话,叫做"推陈出新",没有"陈"哪来的"新"呢?一定要下了功夫,要下艰苦的功夫,要脚踏实地,一步一个脚印,痛下功夫. 懂得"陈",然后才可以提出新的看法来,得到新的成果,得到重大的创新.
>
> ——吴文俊

东方的数学跟西方的数学有什么不同呢?是不是真正有所谓东方的数学呢?对于这些问题,吴文俊教授最近在"中国科学家人文论坛"上,作了精彩的回答.

吴文俊教授认为,除了西方为代表的数学之外,事实上还有跟西方的数学完全不同的所谓东方的数学. 东方的数学是自成一家,与现在我们大家都熟悉的西方数学,是完全不一样的. 东方主要是指中国、印度和周边国家、地区. 在古代,这些地区中科学最发达的,一个是中国,一个是印度. 印度的数学和中国的数学有许多相似之处. 印度的数学主要是受中国古代数学的影响,李约瑟讲到东方数学的时候,把中国的数学和印度的数学做了一些对比. 他说,中国的数学对印度数学的影响是无可怀疑的. 印度的数学有许多是从中国的数学传过去的,受中国数学的影响比较深. 因此,所谓东方数学,主要就是中国的古代数学.

照李约瑟的话说,东方的数学和西方的数学是两个完全不同的系统. 究竟东方数学跟西方数学不同之处在哪里呢?吴文俊教授认为,从内容来讲,西方的数学,主要内容是证明定理. 而中国的古代数学,根本不考虑定理,没有这个概念,它的主要内容是在解方程. 西方数学主要的来源是古希腊,东方数学来源主要是中国. 中国古代的代表作品叫《九章算术》,是在秦汉时代,大概公元二三世纪的时候出现,一直流传到现在. 西方数学的体系,是推理论证,是演绎体系. 东方数学的体系着重在解方程,解决各式各样的问题;着重在计算,把计算的过程,计算的方法、步骤一一表述出来. 为了解决各式各样的问题,提出各种计算方法步骤,这些方法步骤,就相当于现在的算法. 所以东方数学的体系是一种为解决问题,着重具体计算的算法的体系. 西方数学体系的目标是因果论证,东方数学体系的目标是解决各式各样的具体问题. 西方数学的特色是公理化,东方数学的特色可以叫做机械化. 中国古代数学为了解决各式各样的问题,引进各式各样的算法,东方数学可以说是一种算法的数学. 美国一位计算机数学大师说,计算机数学即是算法的数学. 在这种意义之下,东方数学也就是一种计算机的数学. 在我们进入到计算机时代,这种计算机数学或

---

* 本文摘自《世纪机遇:中国科学与人文论坛演讲录》(路甬祥,郑必坚主编). 高等教育出版社,2004.

者是算法的数学,刚巧是符合我们时代的要求,符合时代的精神.从这个意义上来讲,我们最古老的数学也是计算机时代最适合、最现代化的数学.

那么东方数学的精神实质是什么样子的呢?吴文俊教授认为,我们古代数学的精髓就是从问题出发,这和西方从公理出发的精神完全不一样.为了从问题出发,为了解决各式各样的问题,就带动了理论的发展、方法的发展,带动了数学学科的发展.这是整个数学发展的总的面貌.

东方数学的主要目的是解决形形色色的问题,主要表现在解方程.为什么解决问题要解方程呢?吴文俊教授认为,原因很简单,我们为了解决问题,当然一个问题有一个原始的数据,为解决这个问题提出答案,这个答案也是以某种数据的形式来表示.在原始数据和要求的数据之间,当然是有某种形式的关系联系起来的.这个关系往往变成方程,有已知数,有未知数,建立起来的关系就是一种方程.为了解决形形色色的问题,就变成了要解决形形色色的方程.因为这样,解方程变成中国两千多年历史发展中主要的目标所在.多项式方程、差分方程、不定方程在我们历史发展上面都有很多的表现.特别是多项式方程,可以说是我们两千多年数学发展里面一个主要考虑的焦点.

东方的数学有一定的思考方法,是有计划、有步骤、有思想地进行的.具体地讲,可以说中国的古代数学是从问题出发,它有一个基本的模式,这个模式可以说是从实际问题出发,然后形成一些新的概念,产生一些新的方法,再提高到理论上,建立一般的原理,用这样的原理解决形形色色更复杂、更重要、更艰深的实际问题,这样数学就不断地上升,不断地发展,这就是古代数学发展的大体上的理论体系.

吴文俊教授是"融汇中西、贯穿古今"的著名学者,他为计算机时代数学公理化符号证明做出了开创的、奠基性的工作.在演讲最后,他结合自己的亲身经历谈了对创新的理解.他说,当初他研究古代数学时,到北京图书馆、中国科学院图书馆,还有许多不知名的书店和图书馆,搜求各式各样的图书,下了很大的功夫.他说,我很欣赏一句话,叫做"推陈出新",没有"陈"哪来的"新"呢?一定要下了功夫,要下艰苦的功夫,要脚踏实地,一步一个脚印,痛下功夫.懂得"陈",然后才可以提出新的看法来,得到新的成果,得到重大的创新.牛顿有一句话,讲自己是站在巨人的肩膀上,才能够高瞻远瞩,看得远.牛顿之所以成为牛顿,能够看得远,那是因为站在巨人的肩膀上,他成为巨人,也是他下了苦功,融会贯通以后才能够得到那样的成就.我们当然远远不如牛顿了,更应该下苦功了.我们想得到一些成果,不下苦功怎么行呢?要求"新",这是所有人的愿望,可是这个"新"要寄托在"陈"字上面,要想办法把"陈"字啃透,然后才能从"陈"字里面推出"新"来.

创新科研秉烛育人, 民族复兴建立功勋 *

各位领导, 各位朋友, 新中国建立于 1949 年, 中国科学院于当年 11 月 1 日成立, 至今已是 55 周年. 今天参加隆重的纪念会, 我感到非常荣幸.

我们正面临着实现中华民族伟大复兴的大好时期, 中国科学院为中华民族的伟大复兴做出了巨大贡献. 我要特别提两点: 一是中国科学院为我国经济发展、国防建设和社会进步做出了基础性、战略性、前瞻性的贡献. 二是中国科学院为我国培养了大批科学人才, 特别是高层次科研人才.

1951 年, 我自法国留学回国以后在北大待了一年, 1952 年末调到中国科学院数学研究所, 很遗憾那时没有参加中国科学院建院的盛会.

52 年来, 我一直在数学所从事研究工作, 对中国科学院由小到大, 由弱到强, 对中国经济各方面的贡献深有感触. 现在就回忆一下我在科学院数学所 50 多年的经历, 希望多少能够反映整个科学界的情况, 特别是中国科学院对国家科学发展所起的作用.

第一, 中国科学院在经济发展、国防建设和社会进步方面所做的贡献. 1956 年, 为了经济发展的需要, 成立了半导体所、计算数学所. 计算技术与数学的发展密切相关.

当年数学所所长华罗庚同志高瞻远瞩, 他知道计算技术的重大意义, 就在数学所建立了一个计算机研究小组. 这些小组的成员就成为新成立计算所的骨干力量, 而且新中国制造的第一台计算机正是由于这些同志做出了很大的努力, 这是我工作的数学所对经济建设方面的一项重要贡献.

20 世纪 50 年代, 为了"两弹一星"的成功发射, 数学所也输送了许多骨干力量参与工作. 再比如说 20 世纪 60 年代, 为了航天事业的发展, 在数学所成立了一个控制论研究室, 这个研究室不断扩大, 到 1980 年成为系统科学研究所. 现在的数学与系统科学院, 就是当年数学所、系统科学所、计算数学所等合并而成的.

第二, 中国科学院在人才培育方面做出的贡献. 科学院早期在张劲夫同志领导下, 提出要出成果、出人才. 中国科学院的的确确不仅出了大量成果, 而且出了大批人才.

举一个例子, 陈景润同志本来是一个无名小卒, 华罗庚同志知道了他的某些工作, 就把他引到数学所来. 在数学所这样一个环境里, 在华罗庚先生亲自指导之下, 陈景润同志做出了许多重要的工作. 其中最突出的就是大家都知道的, 所谓

---

* 本文摘自《科学新闻》, 2004, 18: 4.

Goldbach 猜想"1+2"的证明，这出现于 1965 年. 我相信如果当年陈景润同志没有被华罗庚同志引到数学所来，他的成长奇迹是不可能的. 不仅是个别的像陈景润同志的例子，当年数学所还吸收了许多大学的年轻同志来进修，这些同志经过几年进修以后，回到原来学校就成为教学与研究方面的重要力量，而且带动了一大批新中国新的科技人才.

过去干部都是由各方面推荐、输送来的，为了解决研究所新生力量的吸收问题，1958 年创立了中国科技大学，这为培养中国特殊人才做出了非常大的贡献. 不幸在"文化大革命"期间，科技大学迁到合肥，可是科技大学的研究生院还在北京，与科学院经常联系，对新中国新人才的培养，对博士、硕士生的培养起了非常重要的作用. 中国的科学正在蓬勃发展时期发生了"文化大革命"，科研工作受到冲击，使科学发展受到很大影响，陷于非常危险的境地. 科学、教育完全停顿，还出现人才断层等等问题.

幸而 1977 年 8 月 8 日至 10 日，邓小平同志主持了科学教育工作座谈会，接着又举行了科学家大会，科学的春天到来了. 不仅是高校恢复高考制度重新恢复了人才培养，同时认识到科学家作为脑力劳动者也是工人阶级的一份子，提高了科学家的地位，恢复了科学家的名誉，增强了科学家的信心和为国家做贡献的决心. 过去培养新生力量主要靠推荐，那时候实行了博士生招生制度，最早的一批博士生很多是学数学的，这些早期的数学博士现已成为科学界、数学界的领军人物.

还涌现了大量科研成果. 比如数论，有近似分析、一致逼近等理论研究和应用，函数论和值分布论; 计算数学出现了有限元法与 Hamilton 算法; 在控制论方面，弹性振动镇定问题得到很好的解决; 还有农业方面的粮食产量预测等. 我讲的都是数学方面的，其他各科学领域，更可以举出许许多多.

近年来，路甬祥同志主持科学院工作，他鼓励大家要开拓创新，为发展祖国的科学事业努力奋斗，他还提出以求真务实的精神建立创新体系，使科学院成为国家自然科学与高技术的知识创新中心. 就像路甬祥同志所说，科学院应该面向国家战略需求，面向世界科学前沿，加强原始科学创新，加强关键技术创新与系统集成，攀登世界科技高峰，为我国的经济建设、国家安全和社会可持续发展不断做出基础性、战略性、前瞻性的创新贡献.

我相信科学院一定会在我们中华民族伟大复兴的事业中，像以往那样不断做出重大的贡献.

推动数学界人才成长

——祝贺求是基金会成立十周年*

求是基金会成立于 1994 年, 到现在已是十周年了. 回忆十年以前, 正是中华人民共和国成立四十五周年, 也是国策总策划人邓小平同志九十华诞. 求是基金选择在这个辉煌的时机, 颁发 "杰出科学家奖" 给十位科学家. 奖金之巨, 高达 100 万元人民币. 这与以往国内各种奖金不过数万元者相比, 无异是天文数字. 因之这一奖项震动了全国的学术界, 为我国的科技事业打了一针强心剂, 刺激了我国科学技术的大踏步前进. 奖金的颁发仪式于 1994 年 8 月 22 日在北京钓鱼台国宾馆隆重举行, 并由当时的李鹏总理亲自颁发, 这成为我国科技事业发展值得纪念的一次历史性重要事件.

1994 年求是基金会创立以来, 每年颁发巨额奖金. 除杰出科学家奖已发展为杰出科技集体奖之外, 又建立了杰出青年学者奖以及研究生奖学金等, 使影响的范围大为扩大. 其中如杰出青年学者奖的数学方面得奖人, 从 1994 至 2002 年, 已有 34 人. 他们都已成长为我国数学界的学术带头人, 也是我国在 21 世纪从数学大国迈向数学强国的领军人物. 不仅如此, 在数学的 34 位得奖人中, 除 1 位已是科学院院士外, 另有 4 位在得奖后当选为科学院院士. 情况具见下表:

得奖人	所在单位	得奖年度	当选院士年份
丁伟岳	中科院数学所	1995	1997
马志明	中科院应用数学所	1996	1995
洪家兴	复旦大学数学所	1996	2003
陈木法	北京师范大学数学系	1996	2003
文 兰	北京大学数学所	1997	1999

从上表可以看出, 数学方面的得奖人与当选院士遍布全国不同地区与不同单位. 还可预计, 以后还不断会有求是青年数学奖的得奖人当选为院士, 这说明求是基金对我国数学界青年一代的快速成长, 起了何等重要的作用.

求是基金会的董事长是查济民先生. 查老先生出生于浙江海宁, 而常年居住于香港, 从事纺织工业的实业, 在事业上卓有成就. 查先生既是热爱祖国、关心祖国发

---

* 本文摘自《随中国科技腾飞》. 求是科技基金会, 2004, 36.

展的爱国者,又是对科学技术有深刻认识的有识之士. 在 1994 年第一次颁奖典礼上,查先生在致开会词中,就明确指出,要改善人民的生活,使我们中国人能立足于地球之上,最重要是提倡科学、技术. 正是由于这种爱国热忱与对科学技术的深刻认识,查先生在他事业有成的资金中,提出巨额款项建立了求是基金会,十年来基金所给予中国科技界的贡献是十分显著的. 科技发展的关键是人才,特别是高层次的人才. 基金对我国短缺的高层次人才的成长与涌现起了不可估量的作用. 值此基金会成立十周年之际,我衷心祝愿查老先生夫妇健康长寿,事业发达,阖家幸福. 这也将是全国科技界的共同心愿.

纪念邓小平同志诞辰 100 周年*

1977 年 5 月,我与几位同志因事去西安,住在西北大学宾馆. 一天下午,学校忽然紧急通知全校师生去大操场集合,原来是宣读邓小平同志上书中央领导的一封信. 不久邓小平即被调至中央复职.

我当时不明所以. 但今天回忆起来,这封信也可以说是中华民族走上伟大复兴之路的开端.

1976 年是中国灾难频繁、中华民族面临灭顶之灾的一年. 在经过近十年"文化大革命"的摧残之后,苦撑局面的周恩来总理于年初逝世. 接着又发生了亘古未有的唐山大地震. 当时主持工作的邓小平同志又因天安门广场悼念周总理事件被"四人帮"诬指为走资本主义道路当权派而被去职,并贬斥远地. 中央的主要领导同志朱德与毛泽东也相继逝世. 国家危在旦夕. 幸而在十月揪出了"四人帮",使国家松了一口气. 然而"文化大革命"的摧残,国家已是百孔千疮. 如何转危为安,以至振兴中华,乃是一件迫切而难以措手之事.

正是在这一关键时刻,邓小平同志及时上书中央,工作得以恢复,中华民族开始迈出走向伟大复兴的步伐.

邓小平同志中央复职之后,主动提出抓科学与教育方面的工作,并于当年即 1977 年 8 月 4 日至 8 日邀请部分科学家与教育界人士举行座谈会. 我荣幸地成为被邀请者之一,亲历了这一可谓扭转乾坤的会议.

会议于 8 月 4 日上午开始. 被邀的学者们踊跃发言,有的还长篇大论,但谈的都是"文化大革命"中如何受迫害凌辱之事. 到中午会议结束时,邓小平说,"文化大革命"中的遭遇大家都一样,我也是如此. 事实上,邓小平同志在"文化大革命"中的遭遇,甚至殃及子女之事,大家都是清楚的. 会议从下午开始至结束,与会者就再也不纠缠于在"文化大革命"中的遭遇,而认真讨论科技方面出现的种种问题及其挽救方案,各抒己见,情绪热烈. 邓小平同志不顾个人安危和求真务实的精神使我深受感动.

会议就 1960—1977 年 17 年评价问题,以及调动积极性、体制改革、教育制度、后勤工作、纠正学风等一系列问题,展开了深入细致的讨论. 最后由邓小平同志于 8 月 8 日上午作了总结.

"文化大革命"中知识分子特别是科教界人士被诬为"臭老九",简直抬不起头来. 会议不仅摘掉了知识分子的"臭老九"帽子,还指出脑力劳动也是一种劳动,从

---

* 本文摘自《春天长在丰碑永存:邓小平同志与中国科技事业》. 科学技术文献出版社,2004: 140-143.

事脑力劳动的科技工作者也是劳动人民. 会议甚至还讨论了如何保证科研工作者的科研时间以及如何保证科研后勤的重要性与必要性, 大大鼓舞了科教人士的积极性.

会议后的神速发展使我深受感触. 邓小平同志以一贯雷厉风行的风格推行会议中所提出的种种建议. 在此后短短的几年内, 中国的局面即已完全改观, 并从此走上了中华民族伟大复兴的坦荡大道.

邓小平同志特别重视教育与人才问题, 指出不仅科研机构要出成果出人才, 教育战线也应这样. 即使是小学教员, 好的教员也是好的人才. 指出要重视劳动, 珍视人才, 特别强调人才难得.

经受了"文化大革命"的十年摧残, 中国出现了人才断层. 这次会议后在邓小平的主持下, 立即恢复了大学的招生考试. 中小学也恢复了正常. 短短几年, 人才断层即已消失. 以我自己所处的科研单位——中国科学院的数学研究所与系统科学研究所而言, 我的科研工作在"文化大革命"中本已完全停顿, 1977 年以来即迅速恢复. 又在 1978、1979 年在科学院所属研究生院先后招了两期研究生. 此后我的研究队伍迅速膨胀, 但现在还有当时遭受摧残而遗留下的痕迹. 队伍中除我以外, 仅有一位现年六十余岁、1977 年时四十来岁的"老"同志. 此外, 接我班、已成为这一支队伍的学科掌门人现刚四十出头, 可见人才断层非常明显. 但二三十岁的新秀目前则已蔚然成群, 且在不断扩充之中, 人才断层也就此消失.

回忆过去, 如果没有邓小平同志 1977 年复出时主动主管科教并及时挽救, 人才断层势将继续蔓延, 以至不可收拾, 中华民族有陷于万劫不复的可能. 1977 年可谓是一个关键时刻. 邓小平同志挽救国家危亡于悬崖之举, 中华民族将永志不忘.

马克思主义的核心是发展生产力. 马克思还提出了科技是生产力的论断. 邓小平进一步指出科技是第一生产力, 丰富并发展了马克思主义. 邓小平又提出以科学技术促进经济腾飞, 并题词"发展高科技, 实现产业化", 为我国的科技发展指明了方向道路, 由此并先后启动了诸如"星火计划""火炬计划""863 计划""973 计划"等一系列宏伟的科技计划, 还斥巨资建立了正负电子对撞机, 使我国向科技强国的方向迈进. 在 1978 年召开的科学大会上, 邓小平明确提出知识分子是工人阶级的一分子, 使科学家们胸襟舒畅, 广大群众感受到科学的春天到来了. 会上还颁发了科学家大会奖, 我荣幸地成为受奖的一分子.

邓小平又为帮助科学家采取了许多具体措施. 半导体对科学与经济都起着特殊重要的作用. 为此邓小平将当时在北京大学任教、对半导体理论有重大贡献的黄昆同志调任为中国科学院半导体研究所所长. 邓小平又指示科学院建造了三幢当时最为高级的四层楼房, 一批科学院的科学家在 1980 年初从原先居住的简陋拥挤的住房搬入了新居. 我也叨在其列.

从 1977 年邓小平主持科教工作至 1979 年总揽全局以来, 中国沿着邓小平所指引的道路大步前进,已有 27 年. 在这 27 年中,尽管中间不可避免地有些曲折波动,但总的来说是顺利的. 中国成为科技与经济强国,已经在望. 中国已被视为和平崛起的典范,成为许多国家特别是第三世界诸国所仰慕与企盼学习的榜样. 中华民族的伟大复兴,也已跃然在望.

现正值邓小平同志百年诞辰,为怀念邓小平伟人对中华民族所作的伟大业绩,作词两行,以致悼念之忱. 词曰:

科技与经济齐飞

崛起与复兴并举

探索与实践——我的科学研究历程*

吴文俊 男，1919年5月12日生，上海市人. 1957年当选为中国科学院院士. 1949年获法国国家博士学位. 现任中国科学院系统科学研究所名誉所长. 1991年当选第三世界科学院院士. 曾任中国科学院数理学部主任、中国数学会理事长、第五至第八届全国政协常委. 他在拓扑学、自动推理、机器证明、代数几何、中国数学史、对策论等研究领域均有杰出的贡献，在国内外享有盛誉. 他在拓扑学的示性类、示嵌类的研究方面取得一系列重要成果，他的研究是拓扑学中的奠基性工作并有许多重要应用. 他的"吴方法"在国际机器证明领域产生巨大的影响，有重要而广泛的应用价值. 当前国际流行的主要符号计算软件都实现了吴文俊教授的算法. 1986年在国际数学家大会上做邀请报告. 1991年任国家科委攀登项目"机器证明及其应用"首席科学家. 从1956年到1997年曾先后获得国家自然科学奖一等奖、第三世界科学院数学奖、陈嘉庚数理科学奖、香港求是科技基金会杰出科学家奖、国际Herbrand自动推理杰出成就奖，2000年获首届国家最高科学技术奖.

能在中国科学院举办的创新案例系列讲座上做"探索与实践——我的科学研究历程"这个报告，我感到非常荣幸. 一方面，我出生于1919年，也就是在五四运动发生的那一年，我国很多思想家和有识之士，提出了反帝反封建及科学救国等种种主张，这些主张影响了我的一生. 我的科研工作可以说就是在这种思想影响之下进行的. 另一方面，成败决定得失，认识也有过程，所以外界的种种影响对我的思想和认识起了很大作用，也使我的科研工作不断地发生变化. 我想趁这个机会，对我的科研工作做一个总结，把我的成败得失、经验教训向大家报告，希望得到大家的指教.

我开始科研工作是在1946年的夏天. 这一年，我认识了当代的数学大师陈省身先生，他当时不过30多岁，可由于他在数学界的突出贡献，已成为举世闻名的数学大师. 陈省身先生当时主持中央研究院数学研究所的工作，把我招收到他的研究所作为实习研究员，也就相当于现在的研究生. 我在陈省身先生亲自指导之下，体会到了做研究工作首先要确定比较有意义的方向，其次在方法上也要仔细加以考虑. 当时，陈省身先生在数学研究所主持数学学科的一个主流方向——拓扑学，特别是拓扑学里面的纤维丛、示性类这两方面的研究工作. 陈省身先生在这两方面有着巨大的贡献，影响着整个数学学科的发展. 我在陈省身先生的亲自指导下，于1947年春天给惠特尼(Whitney)乘积公式做了简单验证，这是我在科学研究上做的第一个

---

* 本文摘自《科学的力量：中国科学院研究生院演讲录》(余翔林，邓勇主编). 科学出版社，2004: 11-19.

比较有意义的工作.

1947年秋天,我去法国留学,那时候我先后与两位老师进行过合作,他们都是世界知名的、对数学界影响巨大的布尔巴基(Bourbaki)学派骨干人物,一位是埃雷斯曼(Charles Ehresmann),一位是H.嘉当(H.Cartan). 此外,我还跟R.托姆(R.Thom)先生进行了合作,我当时和R.托姆先生都在法国边远地区. 1949年秋天我到了巴黎与H.嘉当先生一起进行研究,这同时我与R.托姆先生的合作还在继续进行. 到了1950年的春天,我们的合作取得了突出性的成果,一方面R.托姆先生证明了STWH示性类的拓扑不变性,同时我引进了新的示性类V,它的定义是$VX = Sqx$,这种示性类后来被称为"吴示性类",它证明了完全可以用吴示性明确地表示出来,就是$W = SqV$,这个公式后来被称为"吴公式". R.托姆与我合作所得到的这些成果,在拓扑学领域引起相当大的反响. 同时在法国也出现了许多拓扑方面突出的工作,从1950年以来,这些工作引起了一些数学家所称的"拓扑地震",使得法国就此成为世界拓扑学的研究中心.

在从事这些研究工作的年轻人里有这样一些人,如塞尔(Serre)先生,他在1950年在求上同伦计算取得突破,引起了全世界的震动,并在1954年得到菲尔兹(Fields)奖. 我们都知道,诺贝尔奖里没有数学奖,为了纪念加拿大已故数学家菲尔兹,在1936年挪威举行的世界数学家大会上首次颁发了菲尔兹奖,这是为了弥补诺贝尔奖没有数学奖的不足之处. 还有一位就是前面已经提到的R.托姆先生,他在1950年证明流形STWH示性拓扑不变性,并在1954年创立了协边理论,这引发了微分拓扑学这一新学科的诞生, R.托姆先生也因为这些工作在1958年获得了菲尔兹奖. R.托姆先生在20世纪70年代,创立了奇点理论、结构稳定性理论,这些对世界数学的发展具有很重大的影响,他于2003年去世. 还有一位值得称道的是格罗腾迪克(A.Grothendieck),他数学方面掌握的知识非常多,被法国人称为"数学界的百科全书",他还创立了K理论,并在1966年获得菲尔兹奖. 法国由于这些杰出年轻人才的出现,从1950年以来逐步成为世界拓扑学的研究中心,而且也使得这一学派变成全世界学习的对象. 前面提到的塞尔是核心人物, R.托姆(R.Thom)虽不是嘉当先生的学生,但他认为Bourbaki派道路有明显的不同之处, Bourbaki派在20世纪50年代为全世界所推崇, 20世纪七八十年代趋于衰落.

我通过在法国的学习得到这样一些体会,他们的学术环境较宽松,并很重视交流协作,重视自由思考,甚至不拘一格. 在这样的一种宽松的学术环境中,法国就出现了许多具有创新思维的人物,这使得法国人才辈出,成为全世界数学领域的中心. 另外,我通过陈省身先生推荐在法国学习的过程中,对数学产生了一些认识,所谓难的、美的,不见得就是最好的,所谓好的也不见得一定在数学上是重要的. 怎么样来衡量呢? 这主要看它对于整个数学学科的影响是怎样的,这个影响有广度,有深度,还要考虑持久度. 我记得在法国留学期间,与我合作的托姆先生曾经对我说过,法国对国家博士学位的要求非常高. 只有那些博士论文能在 50 年以后还经常被人提起, 才证明那是为数不多的, 所以你要得到一个持久程度的影响. 这并不容易.

我再顺便讲一下, 前面提到的这个 Bourbaki 学派的影响非常之大, 它在 20 世纪 50 年代是全世界所学习和推崇的, 可到 20 世纪七八十年代就趋于衰落. 这说明即使影响如此巨大的 Bourbaki 派, 在思想方法上也有值得推敲之处. 我们经常看到社会上出现各种各样的热门, 大家很热衷于这一种新的论文方向, 我想我举的例子也可以给这些同志提个醒, 这个情况是短暂的, 这种大家都热衷跟随的是否能够持久, 我想还是应该思考一下.

我 1951 年夏天回国, 一直到 1952 年在北京大学的数学系教书, 那年院系调整, 我调到了中国科学院的数学研究所, 到 1980 年系统科学研究所成立的时候, 我又调到了中国科学院的系统科学所, 一直到现在. 我从 1951 年夏天回国后, 就出现这样一个新的情况, 基本上和外界或者与国外处于隔绝状态, 在工作上陷入了一种孤军奋战的情形, 在这种情况下, 我如何继续进行研究? 同时, 在过去的许多年中, 我一直把研究工作局限于突破拓扑学的示性类和纤维丛这个范围, 我想是不是可以扩大研究范围, 继续进行研究? 这是当时面临的问题, 需要进行认真的思考. 当时为了解决我所面临的"怎么样继续进行研究工作, 同时又能够扩大我的研究范围"这个问题, 我对拓扑学方面的形势和历史进行了分析和调查, 并在无意之中发现我的这个做法符合了法国大数学家庞加莱 (H.Poincaré) 所讲过的一句话, 他说如果我们想要预见数学的将来, 适当的途径是研究这门科学的历史与现状.

我一直把拓扑学当成几何学的一个部分、一个分支, 也就是数学中研究物质状态的数和形, 其中形通常称为几何学, 如果我研究形的某一个方面, 那么就形成这一方面的一种几何学. 比如研究度量性质的就有大家都熟悉的欧氏几何; 而研究画画或是拍照这种需要把外界的图像投射到一个屏幕上面来的, 所谓平直性的, 在 17 世纪形成一种新的几何学, 叫做投影几何; 到 18、19 世纪, 各国许多数学家注意到形的所谓连续不连续的这样一种性质, 相应产生的几何学就叫做拓扑学, 所以拓扑学早期有另外一个通俗的名称叫做连续几何学, 这个拓扑学的正式诞生可以说是在 19 世纪和 20 世纪之交, 是由庞加莱创立的. 此后, 在美国得到了很大的发展, 使得美国成为世界拓扑学的中心. 除美国以外, 在苏联、瑞士、德国等, 都有相当强的学派和相当规模的拓扑学中心, 可在法国本土, 它并没有像在其他各国那样得到充分的发展. 在我留学法国的时候, 研究拓扑学的数学家屈指可数.

再分析一下拓扑学发展的历史, 20 世纪 30 年代, 可以说是拓扑学发展的一个分水岭, 这以前, 对应关系是一一对应, 有打结问题、同痕问题、拓扑分类问题, 这是一一对应为主的拓扑性的问题. 20 世纪 30 年代以后, 就把一一对应限制放开了, 考虑多一对应就可以. 一个原因是出现了新方法, 叫做 simplicial approximation, 在这个影响下, 产生了新的不变量, 主要是同伦群, 这样拓扑学就走向新的一类问题,从拓扑性的问题变成考虑同伦问题,成为当时拓扑学发展的中心内容. 通过我的分析, 我发现当时拓扑的情况有一个条件, 就是当时与我合作的托姆先生证明 STWH 示性类拓扑不变性. 这个工具和方法可以用于研究拓扑性而非同伦性的这种问题, 所以我在 1953 年以后, 就对于这一类拓扑性的、非同伦性的问题进行了检查, 尝试用托姆先生引进的那种工具方法以及我知道的一些方法, 全面检查拓扑性而不是同伦性的这类问题. 这个尝试很大一部分是没有成功的, 或者根本就是失败的, 可有一些方面取得了成功, 一类是对非同伦性组合不变量的问题, 还有一类所谓嵌入问题、同痕问题, 在这种情况下, 我建立了示嵌类理论. 我在 1956 年得到了首届国家自然科学奖一等奖, 项目内容就是示性类, 也是在陈省身先生回国以后继续做的这一方面的研究工作; 还有一个是示嵌类. 这两方面工作, 使我得到了这个奖. 1958 年我到法国讲学, 开设了示嵌类理论课程, 听者有瑞士的 Haefliger 先生, 我回国后, Haefliger 在法国继续示嵌类研究, 并取得了很大成功. 1960 年以后, 我重新进行工作的时候, 引起这样一些思考, 那就是: 示嵌类理论是我开创的, 我找到了具体的方法, 但 20 世纪 60 年代我已经落后了, 因为 Haefliger 做了很好的工作, 我继续做这方面工作就陷于被动了, 我是应该被动地进行这方面工作, 还是为了摆脱这方面被动的局面, 寻求新的方向? 这是当时我要考虑的问题. 而在 "大跃进" 期间提出的 "理论联系实际, 任务带动学科" 的口号对我的思想产生了很大震动, 因为过去一直是为数学而数学的, 对现实和应用根本不加考虑, 所谓 "两耳不闻窗外事, 一心只读数学书". 在 "大跃进" 的思想影响之下, 我经过思考后, 更加重视应用和现实, 我对与应用关系较密切的运筹学、博弈论产生了兴趣. 在 1965 年我无意中发现, 我开创的示嵌类方法可以用来研究集成电路布线问题, 并最终用该方法解决了问题. 如果没有 "大跃进" 时代对这种思想上面的冲击, 我遇到集成电路布线问题是不屑一顾的, 但正是在这种思想影响之下, 我非但注意到这类问题, 而且有意识地真正花精力进行研究. 1958~1965 年, 我在中国科技大学教数学, 并在 1964~1965 年开设了几何拓扑专门化, 这还是以 Bourbaki 思想体系为中心的, 方向主要是两个: 一个是拓扑学, 我请同事来讲授; 还有一个是代数几何, 由于是外行, 我采取了边教边学的方式. 在代数几何的教学过程中, 我对代数几何有了一定了解, 并提供了新工具、新方法, 甚至新动力. 1965 年我参加了 "四清", 回来后 "文革" 就开始了, 1966~1976 年, 主要是参加 "文革", 数学研究工作完全处于停顿. 有些美国数学家访问中国, 他们带来了一些拓扑学近年新发展的资料, 这使得我对于拓扑学重新进行了一些研究工作. 在这个进程中, 我又有一些思考, 就是他们给我的资料, 有许多是手写的, 都是听讲的笔记, 里面出现了我从来没有见到过的一些奇怪符号, 这些也没有在任何书本杂志里面出现过, 因为这都是国外的数学家在互相交流学习的时候随便写出来的符号, 所以不会进入到书本或者是杂志里边, 至少短时期内不会. 在这个情况之下, 如果要参与这些工作, 就必须要经常与国外的同行打交道, 要经常到国外去参加他们的讨论班、学术会议等，这就使得我处于相当被动的局面，所以我当时提出了这样一个问题，怎样可以找到自己进行研究的道路，可以不受国外影响，就在国内也可以自己进行研究工作？这个问题必须要解决．在"文革"期间，关肇直同志在思想上给了我非常大的启发．由于我过去对恩格斯的自然辩证法一无所知，恰巧关肇直同志当时正带领数学所的许多同志一起学习恩格斯的自然辩证法．通过学习我知道了数学不仅仅要研究数和形，而且应该研究现实世界中的数和形，这个数和形不是脑子里空想的、脱离实际的、抽象的事物，而是植根于现实世界的．关肇直同志经常说，数学不要扎根外国、追随外国，因为你的根子是在中国．关肇直不仅提出这个思想，而且他身体力行，提出了关肇直道路，他在数学所成立了控制论的研究室，把研究方向与卫星和航天等部门直接联系起来，研究课题就来自卫星和航天部门，而且在数学上为这些部门的要求提供了一些解决的办法．这就说明，关肇直"不要扎根外国、追随外国，而立足国内"的思想是行得通的，而且应该受到大家的重视，关肇直同志自己就做出了榜样．我当时想我是不是也要像关肇直同志那样寻找一条道路，可以立足国内，不受国外的影响．"文革"期间，数学方面的研究工作当然是完全停顿下来了，可是我觉得还有另外一个收获，就是在思想上得到了很大的解放，就是说我可以不完全纠缠在数学范围以内，而放眼世界，立足国内，寻找自己的道路．在这个时期，我学习了自然辩证法和《毛泽东选集》，从中得到许多启发，这对我的工作产生了很大的影响．在当时有一句话，叫做"你打你的，我打我的"，在这句话的影响之下，结合我在数学方面的研究工作，我想应该是你国外干你国外的数学，我在国内寻找我在国内的道路、方法，可怎样解决这个问题我心中无数．在1974~1975年，机会来了，当时关肇直同志建议数学所全所学习我国古代数学，还有我被下放到计算机的工厂向工人阶级学习，这两件事给了我一个很好的机会，使得我这种"你干你的，我干我的"的想法得到了解决途径．通过学习中国古代数学的构成，我发现中国古代数学是与西方源于古希腊的公理化数学有完全不同之处，西方现代数学是一种公理化研究体系，是追求定理证明的一种数学，而中国的古代数学根本不考虑定理，更不考虑怎么证明定理，它主要的目的是要解决形形色色实际中提出来的问题，由此导致这个解方程式的方法．中国古代数学的许多结果不是由定理的形式来表示，而是用算法，即所谓算术的"术"来表示的．这个"术"就相当于现在意义中的算法，而算法是所谓计算机科学的灵魂．在学习后，我了解到中国古代数学是正好适合于计算机时代的一种算法的数学，或者叫计算机数学，我个人称之为机械化的数学．就在1976年和1977年之交，我根据当时的思想认识在几何定理的证明上面进行了尝试，当然那个时候没有什么像样的计算机，我是用手算，就好像我自己是一个机器，仿造机器的动作，一步一步手算来进行定理的证明，经过几个月的艰苦尝试，终于取得了成功，产生了所谓几何定理的机器证明，这在国外引起了相当大的反响．20世纪80年代以来，把这个发展成为有系统的、范围较广的, 不仅限于数学, 而且应用到许多不同的领域, 就叫做"数学的机械化".

在"你干你的, 我干我的"这种思想指引下, 由于机缘巧合, 赶上了学习中国古代数学和计算机, 使得我终于找到了立足国内, 不受国外影响的自己的道路, 或者说是源于中国古代数学的机械化数学. 具体来讲, 中国古代数学中一个辉煌的成绩就是解多项式方程, 许多实际问题最后往往变为方程形式, 特别是多项式方程组, 解多项式方程组是中国古代数学发展的一个核心问题, 到现在这方面已经发展成为一个有相当规模的、比较有力量的队伍, 不仅在数学理论方面, 也在应用的许多方面取得了某种程度的成功, 可整体来讲还只是一个起步阶段, 我们必须在这个方向上继续迈进.

在 2000 年, 我很荣幸地获得了首届国家最高科学技术奖, 这个证书是江泽民总书记颁发给我的, 对此我衷心感谢党、国家和人民给我的支持和荣誉, 我将以我的余生继续在数学的道路上前进, 以答谢党、国家和人民对我工作的支持以及给我的荣誉, 还有五四运动以来在思想上对我的影响, 这是我继续要做的工作. 谢谢大家!

科学创新的希望

——写在国家自然科学基金委员会成立 20 周年之际*

国家自然科学基金委员会的成立对我国科学发展意义重大. 自然科学基金委成立以来的 20 年, 也是我国科学不断发展创新的 20 年. 可以说, 科学基金的发展, 承载了我国科学创新的希望.

对数学学科来说, 科学基金带来的希望之光显得尤其宝贵. 长期以来, 数学领域的研究不容易获得经费支持. 自然科学基金委成立后, 数学领域的基础研究从此有了一个长期稳定的支持渠道. 今天, 当数学研究在软件工程、自动控制、新材料制备等领域得到越来越多的应用时, 我们尤其不能忘记科学基金为繁荣数学研究所作的重要贡献.

我很早就和自然科学基金委打交道了, 既申请过基金, 承担过基金项目, 也当过评审专家, 对自然科学基金委也算比较了解. 可以说, 自然科学基金委给我的印象是美好、亲切而又朝气蓬勃的. 在这里, 我想谈一谈自己印象比较深刻的几点, 同时在这当中也提一些看法和建议, 既作为自己对自然科学基金委成立 20 周年的祝福, 也作为一种期盼和希望.

高素质的管理人员

与基金委的同志打交道, 是令人愉快的. 这是因为基金委的工作人员不仅具有良好的学术素养, 还有很强的服务意识. 20 世纪 80 年代我和数理科学部数学科学处接触比较多, 他们对我国数学领域的一些优秀科学家及其研究领域都比较了解. 记得有一回, 我和数学科学处的一位同志谈到我想了解一下我国数学领域比较有潜力的年轻科研人员的情况, 几天后他就整理了一份小册子给我, 这让我印象十分深刻. 当年那份小册子上的年轻科学家今天大都成了数学研究领域的佼佼者.

对自己管理的研究领域的学术前沿有较多关注、对在该领域从事研究工作的优秀研究人员有较多了解是一名优秀的科研管理人员应该具备的素质, 国外的情况也是如此. 我年轻的时候作为中法交换生受法方资助去法国念书, 去了不久我的导师帮我申请了一个基金项目, 它这个基金委员会的成员水平很高, 对法国各个地方、各个科研机构都有哪些优秀的研究人员, 这些研究人员主要研究什么内容都非

---

* 本文摘自《中国科学基金》, 2006, 20(3): 141-142.

常清楚. 1975 年美国有一个数学代表团访问我国,当时我问过其中一个成员,他说他年轻的时候美国数学界那些人做哪些研究他全都知道.

当然,几十年前的科研规模没有现在这么大,有些国家的科研人员没有我们国家这么多,所以将某个领域的优秀科学家的情况都了解清楚相对比较容易. 在我们国家,现在与 20 世纪 80 年代相比,整个研究队伍要大得多,所以要做到对某个研究领域的科学家及其研究方向都了如指掌可能就不那么容易了,特别是现在回国人员增多,情况变化快,也增加了了解情况的难度. 就我本人而言,现在国内数学研究领域一些优秀的年轻人我都不太熟悉,因为研究领域越分越细,年轻人成长也很快,想全面掌握情况越来越难了. 但是基金委的资助工作对学科发展意义重大,这在客观上要求在科学处工作的同志要对学科各方面情况比较了解,具有战略眼光,这样才能够提高资助效率. 我希望基金委的同志能够继续发扬优良传统,以自己精湛的业务能力和学术素养使科学基金工作再上新的台阶.

与时俱进的资助模式

就我的感觉而言,基金委与学术界联系很密切,对科学发展的需求比较敏感,能够与时俱进地改进自己的管理模式,这是很好的. 国家杰出青年科学基金、重大研究计划、创新研究群体等资助模式出台都非常及时,说明基金委在不停地探索和改进资助模式,并且颇有成效.

现在许多学科的发展非常快. 就数学而言,学科环境也和以前大不相同. 数学领域的研究以前和产业化没什么联系,现在有些领域和产业化联系很紧密,软件设计、新材料开发、工程施工等很多领域都涉及数学问题. 因此,我们既要重视学科自身发展过程中产生的科学问题,也要支持社会需求提出的问题的研究. 如何适应新的学科发展环境,探索新的资助模式和管理方法,也是科学基金工作面临的问题. 我觉得基金委搞的联合基金就是一个很好的资助模式,应该坚持和完善,以后也可以继续探索其他的模式.

现在科学的发展一方面分化得很厉害,另一方面综合和交叉的趋势也越来越强. 生命科学、信息科学、工程科学、材料科学等很多领域的研究都涉及数学领域的基础研究问题. 学科评审组在评审时,或多或少会倾向于支持自己学科领域的传统研究内容,对其他领域的交叉研究会有些不利,这显然不利于交叉学科的发展. 因此,我觉得基金委应该不断探索和加强对交叉学科和交叉领域研究的支持.

以人为本的管理理念

基金委的管理是比较人性化的. 基金委业务系统的信息化工作是做得比较好

的,界面也很人性化,我们提了意见改进也很快,这也是基金委良好服务作风的重要体现.

实现科技创新,人才是根本,人才是希望. 科学基金重视对人才的培养,特别是对青年人才的培养,这是它的一个特色. 我通过科学基金的资助就培养了很多博士生和硕士生.

科学基金的管理注重营造宽松的环境,鼓励潜心研究,不提倡急功近利,这是受到科技界好评的. 然而我想,提倡以人为本、营造宽松环境没错,但任何管理还是要有一定的指标的,不重视考核和验收也是不对的. 有人说,普林斯顿大学的安德鲁·怀尔斯 9 年没有发表一篇论文,但最后却解决了困扰世界数学界长达 360 余年的一大难题——费马大定理. 这是一个事实,但是也要看到,这只是一个个案,不适宜把它作为一种管理理念来推广. 因为普林斯顿大学允许安德鲁·怀尔斯 9 年不发表论文的前提是,安德鲁·怀尔斯在这之前已经凭借出色的研究业绩(主要也是论文)证明了自己的能力. 所以我认为,以人为本并不是他想怎么样就让他怎么样,而是针对不同情况的人采取适合他的管理方式.

基金委设立的多种人才类项目,实际上就是针对不同的群体采取了不同的资助和管理方式,这就是人性化的表现. 基础科学人才培养基金的学科建设和基地培育功能,青年科学基金的稳定和育苗功能,杰出青年科学基金的激励功能,创新研究群体的导向功能,海外及港澳青年学者合作研究基金的吸引功能,在培养后备人才、造就拔尖人才、吸引海外人才、促进团队成长等方面发挥了非常好的作用.

我在 2000 年获得国家最高科学技术奖,得到 500 万元奖金. 我从中拿出 50 万,用于数学机械化研究的推广应用;另外拿出一部分,推动数学的交流,并研究东西方的数学交流史. 现在已经用 100 万设立了"数学与天文丝路基金",资助年轻学者研究古代中国与世界进行数学交流的历史,揭示部分东方数学成果如何从中国经"丝绸之路"传往欧洲的. 这方面的研究我一直都想推动,但以往由于语言和经费等困难一直没有启动,现在终于可以实施了. 由此我想到,如果有一些人,我们经过评审后认为他们非常优秀,是不是可以给一笔经费,规定这些经费用于科研,但不限制他们怎么做. 经费使用检查仍然必要,但成果检查可以少一些,研究环境要宽松,这样充分发挥其自由探索的积极性. 我想这样做是很有好处的. 我听说基金委的创新研究群体的管理理念就与此相近,这方面的工作还可以继续探索完善.

以上谈的是我对基金委的几点较深的印象,当然也不能说基金委在这几个方面做得很完美,所以我也就这几方面谈了些个人想法和建议. 但应该肯定的是,基金委一直在这几个方面做得很有特色,并且在不断改进和完善,这也是我对基金委充满希望的原因. 因此,我也相信,科学基金在未来将迎来更大的发展,为我国孕育充满希望的自主创新的明天.

在荣获邵逸夫数学科学奖庆祝会上的答谢词*

吴文俊先生的答谢词

各位领导、各位来宾、各位朋友：

我很荣幸地获得了今年的邵逸夫数学奖.

众所周知,具有重大意义的诺贝尔奖有一个重大的不足,就是它没有在天文学、生命科学与数学方面的奖项.而这三个方面,不论是对科学的发展,还是对人类的贡献,都是具有重大意义的.香港的邵逸夫爵士,洞察诺贝尔奖的这一不足,捐献巨资,设立了邵逸夫奖委员会,每年颁发这三方面的奖金,奖额每项高达 100 万美元.邵逸夫奖被誉为"东方的诺贝尔奖",它是一项补充诺贝尔奖不足的伟大创举.

由于我是一名数学工作者,故想在数学的过去与未来的发展方面说说个人的一些看法.

美国的科学大师 N.Wiener(1894—1964) 在他 1948 年的名著《控制论》一书中,对于过去与当前的工业革命提出了以下的看法：

"第一次工业革命是人手由于和机器竞争而贬值."

"现在的工业革命便在于人脑的贬值,至少人脑所起的较简单的、较具有常规性质的判断作用将要贬值."

我想把 N.Wiener 对工业革命的看法改成另一种方式来表达.我的说法是：

过去工业革命的特征是由某种形式的机器来减轻或甚至代替体力劳动,或直截了当地说,是体力劳动的机械化.

现在进行中的工业革命的特征,则是用某种新型的机器来减轻甚至代替脑力劳动,或直截了当地说,是脑力劳动的机械化.

我们正进入 21 世纪.上一世纪 40 年代所创造的计算机,正是一种新型的机器,它使脑力劳动的机械化多少有了现实的可行性.对于这一点,只要回顾一下 50 年来人工智能这一新型科学的创造与发展就可知其大概.

数学是一种典型的脑力劳动,因之数学的机械化,在脑力劳动的机械化中占有着典型的重要地位,它在一切可以考虑的脑力劳动中应该受到特别的关切与重视.我感到幸运的是,我在近些年来发现了一种方法,得到各方面领导部门,包括中科

---

* 本文摘自《中国数学会通讯》,2006 年,第 3 期.

院、自然科学基金委、科技部与它的前身——科委的巨大关怀与支持,又由于中科院数学与系统科学研究院等同事们的帮助,得以茁壮成长. 目前这一数学机械化的方法,不仅已成功地应用于数学本身,而且还成功地应用于数学以外的许多科学与工程技术等不同领域. 正是这些方面的成就,取得了国内外诸多数学家的认可,使我荣幸地获得了本届邵逸夫数学奖,并在今天荣幸地受到了众多嘉宾的祝贺. 我将在数学的机械化方面继续努力,以答谢贵宾们的厚爱.

谢谢大家!

悼念我的数学研究启蒙老师陈省身大师*

2004 年 11 月某日，我从北京驱车到天津南开大学数学研究所，看望我已多时未见的数学研究启蒙老师陈省身大师，顺便向他刚获得邵逸夫数学奖表示祝贺.

影响深远的诺贝尔奖，设置了多种学科的奖金，但没有数学奖，也没有同样极为重要的天文学奖与生命科学医学奖. 我国的诺贝尔物理学奖得主杨振宁教授为此向香港影视界巨擘邵逸夫爵士提出建立相应奖金. 邵慨然允诺，捐出巨笔款项，成立邵奖委员会，设立诺奖缺失的这三项奖金，每年颁奖一次，每奖各 100 万元美金. 由杨振宁先生主持其事. 评奖过程完全按照诺奖的方式进行. 由于奖金数额巨大且评奖严格隆重，因此邵奖在国际上被称为 "东方诺贝尔奖".

我被聘为 2004、2005 两届邵逸夫数学奖的评奖委员会主席. 评奖委员共 5 人，除我担任主席外，其他四人是：美国 Princeton 高等研究院 (IAS) 院士 Griffiths 教授、法国高等科学研究所 (IHES) 院士 Bounguignon 教授，以及由中国科学院院长与台湾 "中央研究院" 院长分别提名的两位华裔数学家. 评奖会首先发出数百封邀请函给国际知名数学家、著名研究单位与大学数学系，请他们推荐得奖人选. 根据收回的提名单，评奖委员们以电子邮件来往讨论，进行删选. 这些全是绝密进行的. 评委会委员之外的局外人无从知道评选情形. 经过几近一年的反复讨论，结果是陈省身胜出，确定授予 2004 年度的邵逸夫数学奖，而 Wiles 则于 2005 年获得了邵逸夫奖.

2004 年的邵奖于该年 5 月公布，同年 9 月 7 日举行颁奖仪式. 公布邵奖时指出数学奖授予陈是由于他创建了整体性或大范围微分几何这一领域，并继续领导它优美地发展使之成为当代数学的核心，与拓扑、代数、分析等领域深刻联系. 总之是联系最近六十年来数学中的所有主要领域.

杨振宁先生和我拟定了一个陈重大贡献的详细介绍，说明授奖的理由，准备由我在颁奖会上宣读. 在宣读当天，数学评奖成员之一的 Griffiths 教授指出，光是介绍陈先生学术上的成就不足以代表陈先生的全貌，起了波折.

Griffiths 的意见切中问题的实质，提得又很及时. 因此我请他在原来的发言稿上补上一段，现照录如下：

陈先生对年轻的数学家不仅是导师而已，他既是良师又是益友，而且他特别贯注于把他同事们的工作介绍给广大的数学公众，以引起广泛的重视. 因之陈的影响远远超出了他个人的科学群体.

---

* 本文摘自《陈省身与中国数学》(吴文俊，葛墨林主编). 八方文化创作室，2007: 1-7.

由于 Griffiths 的提醒，我在颁奖会上介绍陈先生的工作时把 Griffiths 的上述意见添了进去.

陈省身先生从事的微分几何研究，事实上早在陈在清华大学当研究生时就开始了. 当时陈的导师是国内从事投影微分几何研究的孙光远教授，而投影微分几何在当时是国际上颇为活跃的一个研究领域. 此后陈去德国汉堡师从 Blaschke 教授，很快就获得了博士学位. 此后他去巴黎随微分几何大师 E.Cartan 做博士后研究，这对陈的事业起了决定性的作用.

E.Cartan 是 20 世纪的微分几何大师，他对微分几何有一套独特的创造，号称难学，但陈完全掌握了他的要领与方法. 更重要的是：E.Cartan 的微分几何研究是局部范围的，陈却提出了如何做大范围或全局性研究的创新想法. 这对陈一生的研究起了可以说是决定性的作用. 为了做这种研究，必须依靠拓扑学的方法与手段，这是陈重视拓扑学的背景. 陈从法国回国后在清华大学任教，在积分几何方面作出了重要工作. 为此美国的 Veblen 教授邀请陈访问 Princeton 的高等研究院. 陈在旅美的短短两年期间，除了用 E.Cartan 那种计算方法做出了 Gauss-Bonnet 公式的内在性高维推广因而轰动数学界外，并用拓扑方法研究微分几何，不仅引入了纤维丛且引入了现在通称的陈省身示性类，使原来限于局部研究的 E.Cartan 理论与方法完全可以拓展到大范围整体研究，为微分几何开辟了一个全新的广阔天地.

陈省身引进的示性类，不仅纵横于数学整个领域，而且由于与杨振宁先生的合作，被应用于理论物理特别是规范场的研究. 反过来，陈省身示性类在物理上所获得的成就，又被某些数学家如美国曾任皇家学会主席的 Atiyah 爵士等反过来应用于数学. 数学中最有深刻意义与巨大影响的 Poincaré 猜测，早在 20 世纪 60 年代就已被美国数学家 Smale 证明在大于或等于 5 维的情形成立. Atiyah 的一个学生，则运用陈省身示性类在理论物理中的成果，证明了 Poincaré 猜测在 4 维时也成立. 至于 3 维的 Poincaré 猜测，则直到去年才由俄罗斯的数学家 Perelman 所证明. 由此也可知陈省身开创之功及其影响之巨且深. 杨振宁先生曾有诗推崇陈省身示性类，诗的末一句是"欧高黎嘉陈"，可谓入木三分，是神来之笔.

我认识陈省身先生是在 1946 年. 我 1940 年毕业于上海交通大学数学系，由于抗日战争而毕业后在初级中学教学多年，1945 年战争结束后得以恢复学习重温旧梦. 1946 年夏经朋友介绍得识刚从美国载誉回国的陈省身先生，当时他正在上海筹组中央研究院的数学研究所. 我蒙陈接纳为研究所的实习研究员，实质上与从各大学来的一些青年都是陈的研究生. 陈也因此成为我数学研究的启蒙老师. 我因通过了当时国民党政府所办中法交换的留学生考试，须去法国留学，因而陈为我与法国 E.Cartan 之子 H.Cartan 教授联系，请他接受我成为他的学生，H.Cartan 是当时法国少数几个拓扑学家之一. 由于他当年是法国 Strasbourg 大学的教授，我因此于 1947 年夏赴法国 Strasbourg 大学学习. 这决定了我后半生的研究生涯.

1946 年夏至 1947 年夏在中央研究院数学研究所的一年期间, 陈先生为年轻的研究生们讲授代数拓扑学, 指导他们从事拓扑学种种不同方向做研究工作. 我留法期间在拓扑学的研究, 即是从陈师所学的继续. 在这一年期间, 陈师从未讲过微分几何. 但是在一次陈师与我的个别谈话中, 他说他的主要目标是大范围或整体微分几何. 他说 E.Cartan 的理论是一个宏伟的结构, 应该深入理解, 但必须拓展至整体或大范围的情形, 为此不能没有拓扑学的帮助. 目前他讲授拓扑学, 只是为此作准备而已. 在我将离数学所赴法留学时, 陈师对我说, 他希望我能再多留一年, 在这一年里他将教我 E.Cartan 的理论与方法, 此后可考虑去美国而不去法国. 我极为心动, 可是他说得晚了一点, 我已向亲友们告别, 并与一同去法的同伴们即将上船航行去法. 木已成舟, 无法退缩. 如果陈师早一个月说及此事, 则我可能不去法国. 从此我的研究工作将不是拓扑学而是微分几何了.

陈省身一生主持或创建了三个数学研究所. 除了一个由美国政府建立于美国西部旧金山加州大学校区, 而由陈担任首届所长之外, 其余两个数学研究所都位于中华大地, 一个在上海, 一个在天津南开大学. 这两个研究所都经陈悉心经营, 精心策划. 只是在上海的研究所由于国共战事的迫近, 陈离国远赴美国而中途夭折. 但在短短的两三年期间, 已经为中国培养了一批拓扑学的骨干, 成为新中国数学研究的一支中坚力量. 至于位于陈的母校天津南开大学的数学研究所, 则系陈一手创建. 由于得到南开大学胡国定教授的悉心协助, 取得了巨大的成功, 已成为国际闻名的研究组织. 陈还培养了一大批有才华且已做出光辉成绩的青年数学家, 他们将响应陈先生的号召, 使中国在 21 世纪期间, 从数学大国跃升为数学强国.

陈省身在南开数学所所取得的巨大成功, 是与胡国定的协助分不开的. 有同志曾评胡国定是一位传奇式的人物, 我认为评论恰当. 胡的父亲是一位民族资本家, 坚信共产主义, 除了把全部财产捐献给党外, 他和他的几个儿子都加入了共产党. 但严酷的形势使他们只能与党单线联系, 因此彼此都不知道是地下党员. 在 20 世纪 40 年代, 胡国定就读于上海交通大学物理系, 但实际上他热爱数学. 胡是当年上海学运的领导人. 这时江泽民调来上海, 就读于交大的工程学院, 也从事地下工作, 受胡国定的领导. 胡以资本家子弟的身份为掩护, 但日久近于暴露, 在上海已不能立足. 这时陈省身伸出了援助之手, 帮助胡北上就读于清华大学, 再辗转至南开大学, 新中国成立后也就成为南大的教授. 但胡不想从政, 而一心想把中国的数学搞上去. 因而当陈省身有意回国振兴中国数学之际, 胡极力相助在南开建立了南开数学研究所. 陈的意愿得以顺利发展, 胡的作用是有一定的决定性的.

2004 年 11 月我去南开数学所看望陈先生时, 正值午时. 饭后即在陈寓所的会客室中晤谈, 一起谈话的还有胡国定与南开数学所的一些同志. 陈先生与往常一样, 精神亢奋, 十分健谈, 整个下午几乎是他一人在说话. 他谈及中外数学界鲜为人知的一些逸事, 谈及中国数学的前途与发展方针, 谈及他别出心裁精心制作记载中外数学重大贡献的月历,更谈及 50 多年来未能解决的 6 维球有无复结构的难题,以及他解决它的途径想法,看上去十分健康.

我因交通问题于傍晚赶回北京,数日后胡国定忽来电话,说陈先生因感不适住进了医院,因突发病变救助不及去世. 这无异于晴天霹雳. 不仅南开全校师生痛切哀悼,全国以至全世界的数学界甚至科技界都感到震惊与沉痛.

陈先生为后代留下了丰富的遗产. 陈先生向来轻财,除了早已捐出了他的原有财产和书籍之外,也已将新得的邵奖百万美元捐给了南开数学所等机构. 更重要的是他留给后世的一项精神遗产. 陈曾说过要为数学"鞠躬尽瘁,死而后已",陈自己就是这样做的. 在陈去世前几年,已年近九十的他提出了 Finsler 几何的全新想法,并亲自领导一些年轻同志开展这方面的研究工作. 就在他去世前几天,还是全身心探索着 6 维球复结构这一五十多年难题的解决方案. 这是一项无法估量的精神遗产. 我作为陈许多学生之一,自当秉承陈师的这种精神,在数学研究上鞠躬尽瘁,死而后已. 希望许多年轻的后来者也能继承发扬这一陈省身精神,使中国能早日成为陈先生终身追求的数学强国.

数学机械化研究回顾与展望*

一、数学机械化的历史背景——脑力劳动机械化

Norbert Wiener 在他的名著《控制论》里提到，第一次工业革命是用机器来代替手，即"由于机器的使用，手的价值降低了"。我们可以换一种说法，过去工业革命时代的特征是用某种机器来减轻甚至代替体力劳动. 同样，按照 Wiener 的说法，现在正在进行的工业革命，是使用某种适当的工具来使得人脑在做某些简单与规则化决定时的价值降低. 我们可以说，新的工业革命时代的特征是用某种新型的机器来减轻甚至代替某些脑力劳动. 简单地说，过去的工业革命是体力劳动的机械化，现在正在进行的工业革命是脑力劳动的机械化.

脑力劳动机械化的思想，并不是在有了计算机以后，或者在 Wiener 提出来以后才有的. 事实上这种思想在很早的年代就已经有了. M.Kline 在他的名著《古今数学思想》中提到了 Descartes 关于脑力劳动机械化的思想. 他说："Descartes 认为，代数应该可以把数学机械化，使得思维变得简单，不需要再让头脑费很大的力气. 数学的创造也极可能成为自动的. …… 甚至逻辑原理和方法也可以被符号化，并且整个系统都能被用来把所有的推理过程机械化."Leibniz 也有同样的想法. Kline 在其书中讲到："代数可以将几何推理符号化甚至机械化，这种力量使 Descartes 和 Leibniz 印象深刻. …… Leibniz 开始了一个更加雄心勃勃的计划. …… Leibniz 对于一种广义计算 (broad calculus) 的可能性产生了兴趣，这种计算可以使人在所有的领域都能机械地、不费力地进行推理. …… 一般的科学可以提供用于思考的通用语言，各种概念 …… 可以用机械的方式结合起来."

历史上已经有许多用某种方式减轻甚至代替脑力劳动的尝试，我们可以举些例子. 第一个例子就是 Napier 创造了对数. 利用对数可以将对于脑力劳动来说比较费劲的乘法、除法变成对于脑力劳动来说相对比较简单的加法、减法. 第二个例子是，Descartes 在他 1637 年的名著《几何学》中提出了一些几何代数化的想法. 就是引入后来所说的坐标系，它使得对于脑力劳动来说比较艰难的几何推理变成脑力劳动相对轻微的代数计算. 第三，Pascal 和 Leibniz 相继在 17 世纪制造了一些计算机器. Pascal 用这些机器来进行加法运算，把加法这种脑力劳动完全用机器来代替. 而 Leibniz 改进了 Pascal 的机器，使其既能做加法又能做乘法. 这是用机器来

---

* 本文摘自《系统科学与数学》，2008, 28(8): 898-904.

代替脑力劳动的创新. Leibniz 用拉丁文写了一篇文章来介绍他的机器是怎样使用的, 后来被人翻译成英文. 他在这篇文章中说: "一个出色的人像奴隶一样把时间浪费在计算的劳动上是很不值得的. 如果有了机器, 这种工作可以放心地交给任何人." Leibniz 的意思是不要把时间浪费在加减乘除这样烦琐的脑力劳动上, 只要靠机器自动做就可以了. 当然我们也可以推而广之, 加减乘除可以这样做, 别的脑力劳动也可以这样做.

脑力劳动机械化从 Descartes 和 Leibniz 提出比较笼统的想法以来, 有了如下进展: 首先, Boole 创立了现在所说的 Boole 代数, 他把思维在某种程度上形式化, 用代数形式加以描述. 这是一个很大的进步, 比起 Leibniz 和 Descartes 的想法至少有了某种程度的数学化. 在 19 世纪至 20 世纪, 两位数学哲学家, A.N.Whitehead 和 B.Russell, 在 1910—1913 年出版了《数学原理》, 里面罗列了几百条数学定理. 到了 20 世纪, D.Hilbert 正式提出了数学公理化的概念, 还创立了数理逻辑这门学科, 特别是在数理逻辑里面创立了证明理论, 而且他还提出来数学本身的相容性问题. Hilbert 在最后的若干年尽力来证明数学是相容的, 是不会产生矛盾的.

前面都是理论方面的进展, 在实际应用方面, J.Herbrand 创立了一种可以用来证明任何定理的算法. 可是这一算法是不完全的, 因为照此算法进行下去, 不能保证可以在有限步骤之内结束证明. 这种算法提供了一种进行推理的途径, 任何定理都可以根据这种推理方式一步一步进行下去. 假定在有限的步骤之内结束了, 定理就被证明了. 如果不能在有限步内结束, 就不能得出结论. 因此这种算法是不完全的. 但是它提供了一种方法, 可以使推理过程实现一定程度的自动化. 因为 Herbrand 在数学的逻辑推理方面提供了一般的方法, 所以后来美国能源部 Argonne 实验室的一些教授提出建立 Herbrand 奖来纪念他在这方面的贡献. 1931 年, 奥地利数理逻辑学家 Göedel 发表了一篇论文, 向 Hilbert 的计划泼了一盆冷水. Hilbert 想证明数学是圆满无缺的, 是相容的, 不会出问题. Göedel 说不见得是这样. 他提出了不完全定理, 说有些逻辑系统和有些定理, 尽管我们知道是对的, 可是不一定能够证出来. 结果使得 Hilbert 数学圆满无缺的想法彻底破产.

以上这些结果都是反面的, Herbrand 的工作算是比较正面的, 但是并不能够提供任何真正有效的证明方法. 1950 年, 波兰数学家 A.Tarski 发表了一篇文章, 证明初等代数和初等几何定理可以用一种算法来证明或否决. 这是完全正面的一个结果, 可以给出一个算法证明或否定代数和几何定理. 也正因为这个结果, Tarski 计划制造一些类似计算机的逻辑证明机来进行几何和代数定理的证明. 这当然是非常了不起的, 可是他的算法复杂到了一定程度, 不要说当时的计算机, 就是现在的计算机, 恐怕也不能用他的方法得出有意思的结果来. 在 Tarski 之后, 70 年代美国进行了许多试验, 用 Tarski 的办法来证一些几何定理. 他们能够证出来的最复杂的一个定理是: 假定有 1、2、3、4、5 五个点, 知道 1、2、3, 1、2、4 和 1、2、5 分别在一条直线上,结论是 3、4、5 在一条直线上. 这个定理在我们看来就像没有说一样. 所以说 Tarski 的算法在理论上是完美无缺的, 可是在实际上行不通, 因为它的过程太复杂了. 后来有美国、奥地利等国的数学家把 Tarski 的方法加以改进, 增加它的效率. 可是到现在为止, 用这些改进了的方法能够证明的定理还是很简单的.

另一方面, 1950 年以来, 一些计算机科学家, 像 McCarthy、Minsky、Newell 等人, 提出了一个想法: 是否可以利用计算机进行某种脑力劳动, 由此成长起来一门新的学问——人工智能. 这是用计算机来代替脑力劳动的一次成功的尝试. 比如说用计算机来进行翻译、诊断病情、与人下棋、各种专家系统、机器人踢足球等等. 人工智能发展到现在已经 50 年了, 现在还在进行之中.

另外, 我们还要提到王浩先生的工作. 他有一篇关于数理逻辑的很长的文章, 标题叫 *Toward Mechanical Mathematics*. 我的数学机械化的名称不是我创造的, 正是看到王浩先生的这个文章, 联系到我们的工作, 于是才有了数学机械化这个名称. 他在文章中提到:"一个应用逻辑的新的分支产生的时机已经成熟, 这个分支可以被称为'推理分析', 它可以像计算数学处理数值那样来处理证明. 我相信这种方法在不远的将来会导致用机器证明很难的新定理. …… 适用于所有数学问题的普遍的判定方法是不存在的, 可是形式化看来可以保证让机器做一大部分工作, 而这些工作占据了今天的数学家们的宝贵时间."可以说, 我们做的数学机械化, 正是像王浩先生所说的"推理分析". 它对待定理的证明就像计算数学对待数值那样, 而且在不远的将来可以证明很难的定理. 事实上我们的数学机械化可以说已经做到一定程度了, 对几何定理的证明可以说不在话下. 我们的方法也已经推广到微分情形, 微分几何定理的证明应该也可以说不在话下, 只是我们的机器设备和软件环境还跟不上, 理论上应该可以做到这一步.

计算机科学大师 D.Knuth 在《计算机科学与数学的关系》这篇文章里说:"所谓计算机科学说穿了就是算法的研究. 算法是把许多知识统一起来的有效途径, 但是算法的研究一直要等到计算机器的出现才可能实现."Knuth 说, 并不是有了计算机才有计算机科学的, 事实上计算机科学在计算机出现的很长一段时间以前就已经有了. 总而言之, 计算机科学深深植根于历史之中. 先有计算机科学, 然后才有计算机.

事实上, 计算机科学很久以前在古代中国就已经存在了. 中国古代的数学是一种算法形式的数学, 其主要的结论不是由定理的形式来表示, 而是用算法的形式表示的. 不光在理论上要求知道 why, 而且还要知道 how, 要知道是怎么做出来的. 我们可以举很多中国历史上的例子. 就拿加减乘除来说, 加减乘除都是根据某种算法一步一步进行的, 这正是中国古代的传统. 很早以前就有加减乘除这种我们大家现在都很熟悉的算法了, 一直流传到现在. 这是最简单的算法. 还有很多其他的算法. 如解线性联立方程, 现在大家都知道高斯消去法, 其实在公元前二世纪《九章算术》

里就讲得清清楚楚. 高斯消去法出现在高斯的一篇天文方面的著作中. 他要观测行星的运行进行计算, 归结到某种线性联立方程. 可是这篇文章因为考虑了特殊的天文方面的计算问题, 他的方程组是有特殊形式的, 而我们的《九章算术》是没有任何特殊形式的. 总之, 古代的中国数学, 有以下一些特色: 它重视应用, 甚至是高度实用的. 它重视计算, 是计算性、构造性的, 也是算法性的. 大部分的重要结果都以"术"的形式表示, 而"术"通常相当于现代的算法. 依据它即可编成程序在计算机上实施. 依照 Knuth "计算机科学是一种算法科学"的观点, 我国古代数学乃是一种计算机科学. 在进入计算机时代的今天, 其内在的意义与可能的影响更是不言而喻的.

二、计算机时代中国的数学机械化研究

由于我国古代数学思想方法与成就的启发, 也是为了满足在计算机时代实现脑力劳动机械化的需要, 我们从上世纪七十年代末, 即开始从事应用计算机于数学的研究工作.

大部分的人, 只要学习过几何的, 就会对几何定理证明的艰难曲折有所体会. 几何定理证明自古就被认为是脑力劳动的典型活动, 也是自然被选为脑力劳动机械化最初尝试的问题. 在我国古代数学的影响之下, 我们于 1976 年之末, 对几何定理尝试寻找机械化的证明方法. 为此我首先应用坐标系统, 把几何定理转变为纯代数的形式. 经过几个月的艰苦尝试, 终于发现了某种算法, 足以用代数的处理证明初等几何中很主要的一部分定理. 此后已有成百上千艰深的几何定理, 在计算机上轻而易举地得到了证明, 甚至还发现了不少过去未知的新定理. 此后这一几何定理证明的算法式方法, 逐渐发展成一般性的数学机械化方法, 并以解多项式方程组为其核心内容之一.

根据我国古代先哲的思想路线, 结合现代数学中的某些技术, 我们得出了解任意多项式方程组的零点分解算法. 若以 Zero(PS) 来表示多项式方程组所有零点的集合, 则所得的结果可用若干个具有特定的三角形式的方程组的零点来表示 Zero(PS). 这些定理足以对特征为零的任意多项式方程组 PS=0 给出其全部零点或解答的显式构造. 我们关于几何定理的机械化证明方法, 实际上是上述解多项式方程组一般方法的一项具体应用, 又一个应用是已知有关系但不知具体形式时确定其显式关系式.

上述多项式方程组的解法, 也已推广至微分情形. 对于所谓代数型微分方程组 DPS=0, 也有相应的零点分解定理, 足以给出某种意义下的全部解答或零点. 与代数情形相同, 这一方法已应用于微分几何定理的机器证明, 以及未知微分关系的自动发现. 特别是, 我们曾应用这一方法, 从观察性的 Kepler 定理, 自动得出牛顿反

平方定律. 此外对于物理与各种科学中涌现的各种偏微分方程, 用这一方法已确定其全部孤立子型的解答, 取得了很大成功. 这里对各种方程用的是统一的同一方法, 而流行文献则对个别方程须用个别的方法, 这些方法既曲折艰难, 还往往漏掉一些应有的解答.

一个投影的复代数簇, 通常定义为相应齐次多项式组所有 (齐次) 零点的集合. 对于投影代数簇, 在无奇点的情形, 可以通过簇的切丛来定义著名的陈 (省身) 类与陈 (省身) 数. 但对于有奇点的情形, 则由于切丛不再存在, 现在所用的方法, 须通过艰难曲折的途径来定义广义的陈类与陈数, 而且这种方法是无法计算的, 即使在极其简单的情形, 也难确定出相应的陈类与陈数来. 与之相反, 我们解多项式方程组所使用的方法, 可以使我们对有任意奇点的投影簇, 都能直接而自然地引进广义的陈类和陈数. 例如在陈数间有著名的 Miyaoka-丘成桐不等式. 这一不等式只在某种没有奇点的二维复平面上才成立. 而用我们的方法, 则对任意维数的超曲面, 无论有无奇点, 都发现了大批陈类与陈数间的等式与不等式, 而这些关系却只须经过简单的计算即可得出. 上述 Miyaoka-丘的不等式, 只是一个很极端的特殊情形, 且其成立不需要无奇点的限制.

优化问题或极大极小问题, 广泛出现于各种科学与工程技术的领域之中. 无疑它们对我国的经济建设有极其重要的意义. 这种问题往往用计算数学的方法, 通过各种逐步收敛逼近来解决. 但这样的方法通常只能得出个别且是局部的优化值. 在目标函数与限制条件都是多项式型这种自然界相当频繁出现的情形时, 我们解多项式方程组的一般方法, 提供了一种有效手段, 足以定出真正最大或最小的全局最优值来, 只要它们真正存在即可. 特别是现已受到重视的例如双层规划的情形, 在文献中曾有些具体例子, 用我们的方法进行验算, 发现文献中所给出的所谓最优值, 事实上并非最优, 而与用我们的方法所给出的真正的最优值相距甚远.

以上主要讲了我们在机器证明、代数方程组符号求解、微分方程组符号求解、实数方程的优化问题方面的工作. 我国的研究人员还提出其他的机械化方法, 包括机器证明的几何定理自动发现的代数方法与演绎数据库方法、消点法与 Cllifford 代数方法、几何计算的共形代数与零括号代数、几何自动作图方法、机器证明的数值并行法、实数方程求解的完全判别式方法、差分方程与差分微分混合方程的零点分解定理、有限域方程求解的零点分解定理、微分与差分方程符号解的自动求解方法、方程求解的数值-符号混合算法. 这些工作扩大了数学机械化的使用范围, 提高了计算效率.

微分与代数方程求解是基本的计算问题之一. 科学与工程中的很多问题往往自然地导致方程组的求解, 因之我们的解方程方法在科学与技术中自然地得到了广泛的应用. 与其他学科交叉研究已经取得进展的问题包括理论物理中著名的杨-Mills 方程与杨-Baxeter 方程求解、机构学的研究、天体力学中中心构形问题、化学反应的平衡点计算问题、计算机科学中的自动推理问题与 SAT 问题等. 我们的方法在高科技领域也得到成功的应用, 包括计算机辅助设计中的曲面拼接问题、图像压缩技术、智能 CAD 中的几何约束求解问题、计算机视觉中的 PnP 定位问题与线画图的识别问题、硬件的正确性验证问题、编码与密码中的某些问题、机器人中的 Puma 形串联与 Stewart 并联机构的设计与分析. 具体请参考本文后面所列目录.

依据我们的方法, 开发了智能软件平台 MMP, 具有独立自主而不依赖于其他任何同类系统的特性, 已经完成, 这一系统的核心功能之一, 即是我们代数与微分方程组解法的算法.

三、数学机械化的未来展望

人类正在进入崭新的信息时代或计算机时代, 它以计算机这一强有力工具的出现为其特殊标志之一. 从 18 世纪以来, 人类曾经历过几次工业革命时期, 这些革命可以理解为以体力劳动的机械化为其特色, 在来临的时代中, 我们将面对另一种新型的工业革命, 它可以理解为以脑力劳动的机械化为其特色. 数学是一种典型的脑力劳动, 它被公认为是所有科学技术的基础, 同时数学又具有最广泛的应用性, 各种活动都离不开数学的参与. 因之在所有的脑力劳动中, 数学的机械化应该有最大的优先权与迫切性. 此外, 数学又具有表述上清晰、简明、确切等特点, 而其他脑力劳动都很难具有所有这些特点, 因此在所有脑力劳动中, 数学应该最容易做到机械化. 我们在几何定理证明机械化取得的成功, 说明以上的说法绝非虚语.

我们之所以提出数学的机械化, 还是为了迎合在计算机时代实现脑力劳动机械化的需要. 但是, 我们现在的数学机械化, 还只处于一种初始的阶段, 即以定理的机械化证明来说, 我们的成功还只限于很狭窄又不那么重要的初等几何或 (局部) 微分几何的范围, 然而, 数学的各个领域都有它自己的定理证明, 它们的机械化须依赖于这一领域的特有方式, 而不必归之于多项式方程组的求解. 此外, 从数理逻辑得知, 如果所考虑的数学领域范围过大, 则这一领域的定理证明依逻辑学家的辞藻可能是不可判定的, 而依我们的辞藻是根本不能机械化的. 但若领域范围过于狭窄, 则又可能根本不包含什么在数学上有任何意义的定理. 为此我们曾提出过下面今后需要考虑的规划:

把数学的全部尽可能用各种领域覆盖起来, 使得每一领域既足够小因而机械化成为可能, 又足够大使它能够含有相当多的定理或问题, 它们都在数学上富有韵味.

就多项式方程组的求解而言, 我们所用的是所谓符号计算的方法, 与通常所用的数值计算的方法有根本区别. 这种符号计算方法往往导致庞大的多项式, 其项数甚至可远在千百万之上，往往超出了计算机的负担能力．要使我们的方法在实际上切实可行，看来只有发展一些能结合符号计算与数值计算两者之长的所谓混合计算方法，而这种方法当然应有严格的数学上的依据．

当代的数学大体上由微积分发展而来，因之带有某种无限的性质，但计算机则只能处理有限性的事物，处理的方式也是有限性的，因之数学中处理有限性的组合数学，在计算机时代中将越来越显得重要，尤其是它可处理与国防紧密相关的信息安全等问题，因而其重要性更显得突出．为此我们应对组合数学的算法式研究，给予比以往更多的重视．

我们已经指出如何由 Kepler 的观察定律自动导出牛顿的反平方定律，这提供了从实验到理论自动发现这一一般方法的一个实例．这一方法应在今后各种科学领域作出进一步的尝试．

最后，我们发展数学机械化的目的不仅仅是为数学研究提供一个有力工具，更主要的是为我国高技术中的脑力劳动提供工具．我们的方法已经用于自动证明定理、自动发现物理规律、计算机图形学、智能 CAD、计算机视觉、图像压缩、机器人、数控等关键技术的研制中．我们还希望加强在这方面的努力，使得数学机械化方法为我国高技术的发展做出实质性贡献．

参考文献

[1] Chou S C. *Mechanical Geometry Theorem Proving*. D. Reidel, 1988.
[2] Chou S C, Gao X S, and Zhang J Z. *Machine Proof in Geometry*. Singapore: World Scientific, 1994.
[3] 高小山，王定康，裘宗燕，杨宏．方程求解与机器证明——基于MMP的问题求解．科学出版社，2006.
[4] Gao X S and Wang D M (eds). *Mathematics Mechanization and Applications*. Academic Press, 2000.
[5] Li H. *Invariant Algebras and Geometric Reasoning*. Singapore: World Scientific, 2007.
[6] Kapur D and Mundy J L (eds.). *Geometric Reasoning*. MIT Press, 1989.
[7] Wang D M. *Elimination Methods*. Springer, Wien, 2000.
[8] 吴文俊．几何定理机器证明的基本原理 (初等几何部分)．科学出版社，1984. *Basic Principles of Mechanical Theorem Proving in Geometries* (英语翻译). Springer, Wien, 1994.
[9] Wu W T. *Mathematics Mechanization*. Science Press/Kluwer Acad. Publisher, 2000.
[10] 杨路，张景中，侯晓荣．非线性代数方程组与定理机器证明．上海科技出版社，1996.
[11] 数学机械化研究报告 (MM-Preprints). 中科院数学机械化重点实验室，第 1-26 期，1987-2006. http:/www.mmrc.iss.ac.cn/mmpreprints.

符号-数值混合计算*

语言、文字与计算机是人类文明的三大标志. 特别是计算, 计算能力的高低, 可以衡量一个民族或地区进步与发展的程度.

人类为了生活、生产、商贸、建设、管理以及各种竞争、斗争甚至战争的需要, 必须解决形形色色的问题, 而这种问题的依据与答案, 往往都以数值的形式表示出来, 因此从远古以来, 就发展了源于整数而终于实数复数的数值表示形式及其各种计算的方法, 从最简单的加、减、乘、除, 到各种方程解法, 以及有关的如插值、逼近、收敛、极限、误差估计等等理论与方法, 20 世纪中叶, 出现了计算机, 并发展迅猛, 不仅使计算能力大幅度提高, 而且具有多种特殊功能. 这使计算上升为与理论、实验鼎足而立的科研三大主要形式, 其中, 以单纯的数值为对象的, 也于 20 世纪上升为一门独立的学问, 称为计算数学, 它与各种其他科学结合, 还形成了形形色色诸如计算力学、计算化学等等分支交叉学科, 名目繁多.

数学由于理论发展的需要, 需使计算形式化、符号化, 由此形成了与数值计算有所不同的形式计算或符号计算方法, 近来的研究预示, 不仅这种计算有助于数学的理论推导, 甚至定理的证明也可通过这种计算来实现, 实行几何定理的机器证明, 即是这方面一个成功的范例.

科学技术的发展要求解决形形色色的问题, 由于问题的原始条件或数值与所求答案之间往往用某种形式的方程联系起来, 诸如对国民经济与国防安全等利害攸关的各种优化问题、自动控制问题、运筹规划问题等等, 最后都将归结为解某种类型方程的问题. 因而解各种类型的方程如多项式方程、微分积分方程、差分方程等自然成为数学应予重视的核心部分, 而各种方程的解决都无不通过计算这一途径, 计算的方法繁多, 但大体上说来不外乎两种形式: 一是数值计算, 又一是符号计算, 在计算机上实施时, 前者快速, 后者精确, 但又各有缺点, 计算机只能识别有限事物, 故对于一般的实数或复数只能逐步逼近, 取适当精度的近似值. 因而收敛值无法确定, 更无法全部获得. 至于符号计算, 理论上虽可获得全部某种形式的精确解答, 但往往计算量大, 且表达形式十分庞大, 以至于即使现代的巨型机也难以承受. 为此, 设计一种混合算法, 在计算过程中不时切换两种计算方法, 使之既有两种计算之长, 又避两种计算之短, 应是解决目前计算上困难的一种适当途径. 为此应在理论上严格证明在混合计算中以数值代替文字符号时必须具有一定的稳定性, 即在数值稍有偏差时, 不致过分失真而使解答面目全非. 从而将误差控制在解决一类问题所需要

---

* 本文摘自《10000 个科学难题·数学卷》. 科学出版社, 2009: 471-472.

的范围内, 即得到误差可控算法. 这类算法也被称为可验证算法, 或可信算法, 这将是一个既有理论依据又能实际运用的值得考虑的问题. 一些初步的进展可见所列参考文献.

参考文献

[1] Stetter H J. Numerical Polynomial Algebra. Philadelphia: SIAM, 2004.

[2] Wang D, Zhi L. Symbolic-Numeric Computation. Basel: Birkhäuser, 2006.

[3] Wu W T. Mathematics Mechanization. Beijing: Science Press/Kluwer, 2001.

第二部分

序言与书评

《〈九章算术〉与刘徽》序*

《九章算术》是我国数学方面流传至今最早也是最重要的一部经典著作. 它承前启后, 一方面总结了秦汉以前的数学成就, 另一方面又成为汉代以来达两千年之久数学研究与创造的源泉. 特别是三国时期魏刘徽的《九章注》, 对数学理论多所阐发, 影响深远. 总之,《九章算术》与刘徽《九章注》, 对数学发展在历史上的崇高地位, 足可与古希腊的欧几里得《几何原本》东西辉映, 各具特色. 本书汇集了19篇专题论文, 从各个角度对这一部传世杰作进行研讨. 在这些论文之前, 冠以《出版小志》一篇, 就《九章》的成书背景、内容版本、注释校证与对后世的影响, 以及最重要的注释者刘徽的事迹作了概括性的介绍.

《九章算术》与刘徽《九章注》源远流深, 不仅对我国古代数学的发展, 即使对整个世界数学的发展也有巨大影响,《九章》第八方程章的线性联立方程组解法与正负数概念的引入, 只是比较显著的一例而已. 要把《九章》在世界数学中的地位, 与世界其他地域数学发展的关系及影响的来龙去脉弄清, 还需做大量细致的研究调查工作. 本书所收集的一些论文, 还只能算是一个开端, 真正的艰巨工作还在今后. 为了便利读者作进一步的深入研究, 以及为了便利与国外的交流, 由白尚恕、李迪、沈康身三位同志写成了名词今释、论文索引与英文提要三篇, 添入附录. 希望读者们能对本书多提意见, 使今后的工作能继续向纵深开展.

---

* 本文摘自《〈九章算术〉与刘徽》(吴文俊主编). 北京师范大学出版社, 1982.

《〈九章算术〉注释》序*

《九章算术》是我国古代流传下来的一部数学巨著,不仅指导着我国数学的发展达两千余年之久,而且对世界数学的发展也有不可估量的巨大影响,线性联立方程组的解法及有关正负数的引入只其一例而已.我国古代数学有它自己的体系与形式,与西方之以欧几里得几何为代表的所谓公理化体系者旨趣既异,途径亦殊.《九章算术》与《几何原本》东西辉映,无疑是数学史上的两大传世名著,也是现代数学的两大源泉.

《九章算术》的刘徽注是数学上的又一伟大成就.刘徽注不仅提出了丰富多彩的创见与发明,并以严密的数学用语描述了有关数学概念,对《九章算术》中的许多结论给出了严格证明.他所采用的证明方法,不仅有综合法、分析法,而且有时还兼用反证法.他沿袭我国古代的几何传统,使之趋于完备,形成具有独特风格的几何体系.刘徽的发明、创造对后世人有所启发,即使对于现今数学也有不少借鉴之处.从对数学贡献的角度来衡量,刘徽应该与欧几里得、阿基米德等相提并论.

遗憾的是,像传本《九章算术》与刘徽注这样的伟大著作,由于古今文字迥异,专门名词与现代通用者更大不相同,加上文字简略,用字深奥,使当代有志者难于领略.白尚恕同志博征详考,对全书用现代通俗易懂的语言详加注释,既使国内外对我国古代数学有兴趣的人士易于涉猎了解,也使研究我国古代数学的发展及刘徽与其他人如李淳风等的创见有途可循,为之称便.这是一件十分有意义的事.为此不揣冒昧,谨志数语,聊为此书出版作贺.

---

*本文摘自《〈九章算术〉注释》(白尚恕著).科学出版社,1983.

《吴文俊文集》前言 *

本书收集了作者多年来发表的一些零星文章,散见于各种书刊. 这里专门的创作论文收集得很少, 因而严格说来, 本书是一本杂文集, 而不是通常数学家们以专门论著为主要内容的选集或全集. 虽然如此, 作者认为, 这样的文集, 至少对作者本人来说, 要比出一本或几本选集或全集, 其意义要重要得多. 因为它真正反映了作者对整个数学的认识, 反映了作者思想的实质, 也反映了作者对发展数学的主张和意图, 而这是过于专门的选集或全集所难以做到的.

本书收集的文章分成四类. 但除个别文章外, 总的说来是一个整体. 基本上它以数学机械化的思想贯通全书. 第四类直接以数学的机械化为其主题. 从数学有史料为依据的几千年发展过程来看, 以公理化思想为主的演绎倾向, 以及以机械化思想为主的算法倾向互为消长. 对近代数学起着决定作用的解析几何与微积分, 实质上都是机械化思想而非公理化思想的产物. 中国古代数学, 乃是机械化体系的代表. 第一类数学史, 多少说明了数学机械化思想的渊源, 也提供了某些具体的实例. 第二类数学论证, 则从不同的角度阐述了作者对数学机械化的想法. 至于第三类数学专论, 表面看来似系专题论著而与机械化无关. 但是, 推行机械化的前提是数学必须以构造性的方式进行. 这一类中主要的四篇文章就是以构造性的方式来讨论这些专题的. 这与国外同样的专题的多数论著有着本质的区别. 这些文章也多少指出, 通常以非构造性方式进行研究的某些数学领域, 如果从构造性的角度出发, 是有可能趋近于半机械化以至机械化并促使其实现的.

作为数学两种主流的公理化思想与机械化思想, 对数学的发展都曾起过巨大的作用, 理应兼收并蓄, 不可有所偏废. 但是对于个别人来说, 难免有不同的倾向. 作者的倾向如何, 应是不言而喻的. 但是作者关于机械化思想的形成, 绝非一朝一夕, 至少在 20 世纪 70 年代以前, 机械化的概念在作者脑海里还毫无踪影. 经过对中国古代数学的学习的触发, 结合着几十年来在数学研究道路上探索实践的回顾与分析, 终于形成了这种数学机械化的思想. 这种思想一旦形成, 就自然地化成一股顽强的动力. 十几年来, 作者一直在这一方向道路上摸索前进, 艰苦奋斗, 义无反顾. 本书收集的绝大部分文章, 都写在这一时期, 即是摸索过程中的产物.

我们的目标是明确的, 即是推行数学的机械化, 使作为中国古代数学传统的机械化思想, 光芒普照于整个数学的各个角落. 自然, 我们离目标的实现还无比遥远, 根本看不到头. 虽然如此, 十几年来的努力尽管成就不多, 但也已初见成效, 至少已

---

* 本文摘自《吴文俊文集》. 山东教育出版社, 1986.

可说明这一机械化的道路不仅是可取的，也是可行的．问题不在于能不能成不成，而在于愿不愿做不做，也在于肯不肯敢不敢．

　　个人的力量是渺小的．事业的成功与否，除了客观条件以外，主要依赖于群众的支持．众志成城，也只有众志才能成城．如果这本书能引起某些有志者的共鸣，乐意共襄此举，作者本人则大为欣慰，本书的出版也就不是多此一举了．

《中算导论》导言*

我国古代数学对于世界文化有过伟大的贡献,代数学无可争辩地是中国所创,在十六世纪以前,除了阿拉伯某些著作之外,可以说代数学基本上是中国一手包办了的,我国古代从丰富的实践经验中发现问题,创造了有我国特色的几何学,既有实际成果,又有系统理论,还必须指出的是,我国代数学的发生与发展,始终与几何学的兴旺发达交错贯串、相辅相成.中国古代数学是讲道理的,有足够多的例证说明它们立论严谨.中国古代数学已经为人们所重视,但认识的深度与广度还很不够,要使中国古代数学的瑰宝放射出应有的光芒,占据应有的地位,还需要做不少工作.其中,我国的数学史家尤其应该成为完成这一工作的主力.

在数学史的研究方法上,我们应该根据历史事实,不能用今天的数学工具来代替历史事实,用近代数学知识来诠注海岛九术,对方便读者来说,有其积极意义的一面,可是这样做,并不能反映当时数学的真与善,反使原先的质朴之美因而淹没不张.

无疑本书符合上述论点并圆满地达到了目的,作者凭着对中国古代数学的渊博知识与深邃认识,旁征博引,言必有据,以辩证唯物史观的方法,写出这样一本好书,它将使读者对我国传统数学有一个全面的初步了解,并使进一步探讨与透彻了解能知所措手、有所遵循,本书中有不少足以代表我国古代数学成就的内容,可以采纳进我们的数学教材.这样做,既可发扬民族自豪感,又有助于提高青年对数学演进规律的认识,作为中国传统数学的一个学习者、爱好者与崇拜者,衷心乐意将本书推荐给广大读者,为此谨志数语,以表微忱.

---

* 本文摘自《中算导论》(沈康身著).上海教育出版社,1986.

《秦九韶与〈数书九章〉》序*

出现在秦汉之际的《九章算术》，是一部综合当时数学成就的经典巨著. 自此以迄宋代, 虽历代皆有著作, 其中未遭散佚幸存至今者或则创见不多, 或则仅及一隅 (如《缉古算经》). 其能论述全面而富有创造性成就能与《九章算术》相媲美者厥唯秦九韶《数书九章》一书. 秦书之大衍求一术与增乘开方术, 都已成为经典. 夫"术"虽有时也代表公式或定理, 但在大多数场合即犹今之"算法". 我国古算往往寓理于算, 而以机械化的思想方法为其特色. 求一算法与开方算法, 即为体现这种思想方法的两大辉煌成就. 这与西方数学之以演绎推理为主的公理化体系正相对照而互相辉映. 秦汉之《九章》与宋代之《九章》, 正是综述这种机械化思想体系所获成就的两大巨著. 为复兴我国固有的传统数学, 继承发扬其特色, 以振兴我国未来的数学事业, 有识之士正可从其中吸取力量. 今继《〈九章算术〉与刘徽》一书之后, 续以《秦九韶与〈数书九章〉》. 仍按前者体例, 汇集论文 30 篇, 从各个不同角度论述秦九韶其人、其书, 以志不忘古人创业之艰、贡献之巨, 并以勉后来者. 是为序.

---

* 本文摘自《秦九韶与〈数书九章〉》(吴文俊主编). 北京师范大学出版社, 1987.

《现代数学新进展——刘徽数学讨论班报告集》序*

1985年10月4日至13日，中国科学院系统科学研究所在部分同志倡导下，举办了以刘徽命名的数学讨论班，邀请十几位数学专家对现代数学的某些领域及其成就作了概括性报告. 本书就是这些报告的一个综合.

这一讨论班的出现受益于驰名国际的 Bourbaki 讨论班的启发.

本世纪30年代，法国的一些青年数学家创立了 Bourbaki 学派. 学派的主要创建人如 A.Weil, H.Cartan, C.Chevalley, T.Dieudonné, J.Delsarte, Ch.Ehresmann 等，都是当时法国培养数学家的中心和基地——巴黎高等师范学校的学生. 这些青年后来都在学术上取得了杰出的成就，从而成为国际数学界的巨擘. 但是，他们的活动并不局限于个人的学术研究. 他们以 Bourbaki 为集体，举办了若干对全世界数学发展有重大与深远影响的活动. 其一是《数学原理》全书的编写，其二是 Bourbaki 讨论班的设立.

数学经过几千年的发展，已成为分支庞杂的宏伟体系. 学者终其一生，即使是一流大师，也往往只能在少数领域有所建树，很难了解数学全貌. Bourbaki 集体提出了用结构这一概念来贯串整个数学，并着手编写《数学原理》，从无结构的集合论与具有最基本结构的实数论开始，依次进入结构不同逐步丰盈的各个领域. 该书各分册由 Bourbaki 中成员分头执笔，但是必须经过集体讨论，集体修改，并以 Bourbaki 署名. 每本书的编写，往往数易其稿. 至今已出版数十分册，历时四五十年，但尚不能预料完成的时日. 编写工作也已由 Bourbaki 中老的一代交卸给新的一代. 这部鸿篇巨制不仅对数学的发展有巨大的影响，而且给法国数学界带来了极高的声誉.

博与精难以得兼. 数学家为自己所从事的课题研究，已耗费了大部分精力和时间，对与研究课题无关的领域，往往无力涉猎. Bourbaki 讨论班之设立恰好弥补了这一缺憾. 这一讨论班实质上是一种数学动态讨论班，报告的内容并非个人的研究成果，而是介绍国际上当前某些重大发现. 该讨论班一年举办三次报告会，每次约三天；在报告会的中间提出下一次值得介绍的课题，并由与会者自告奋勇地去准备，有时也邀请外人作报告. 报告人在报告时往往融合自己的思想和创见. 由于其内容的精辟，影响已远远越过了法国国界. 历届讨论班都编印报告论文集刊行，成为数学上创新的重要源泉，为全世界各个不同领域中的数学家共同的重要参考文献. 笔者50年代初参加这一讨论班时，全班不过20来人，在巴黎高等师范学校的一个小

---

* 本文摘自《现代数学新进展——刘徽数学讨论班报告集》(吴文俊主编). 安徽科学技术出版社，1988: 1-10.

教室中举办. 1982 年重游巴黎时, 地点已移到巴黎 Poincaré 研究所的一个阶梯教室. 笔者到达时虽不算晚, 但不仅座无虚席, 而且阶梯过道上也坐满了人, 后来者只好立于门外. 许多人是专程从远道赶来参加的.

Bourbaki 学派对青年一代的培养极为重视. 姑且不说老一辈中如 Weil, Cartan 曾获得可与 Nobel 奖相埒的 Wolf 奖, 在他们培育之下成长的如 L.Schwartz, J.P. Serre, R.Thom, A.Grothendieck, P.Déligne 等, 都先后获得了在数学界享有最高荣誉但只授予青年数学家的 Fields 奖.

50 年代以来, Bourbaki 的影响已波及整个数学界. 青年数学家纷纷将 Bourbaki 奉为圭臬, 以《数学原理》为学习基础, 钻研 Bourbaki 学派的著作, 追随他们提出的研究方向, 接受他们的结构思想, 推行他们倡导的公理化体系.

这些虽然都是 Bourbaki 学派的伟大业绩, 但还仅仅是其外部表现, 而不足以说明其精神实质.

笔者在国外曾遇到一位第三世界的数学家, 他说了这样一句话: "Bourbaki 是法国民族精神的产物."

此语可谓一针见血. 这位数学家口中的 Bourbaki, 才是真正的 Bourbaki!

文艺复兴与资产阶级大革命以后, 法国已成为欧洲科学文化的中心, 数学界尤其人才辈出. 拿破仑在执政时又创办了独具一格的多工艺学校, 由数学家 G.Monge 主持其事. 从此多工艺学校就成了法国培养数学家的中心与基地, 直到 J.Darboux 活跃于数学界时才让位于巴黎高等师范学校. 从 17 世纪 R.Descartes, P.Fermat, 牛顿, 莱布尼茨等创立解析几何与微积分起, 法国在长达两百多年的时期一直执欧洲数学发展即世界数学发展的牛耳. 但是到 19 世纪中期, 德国数学崛起, 逐渐后来居上, 数学中心有从巴黎转至德国的 Göttingen 与柏林之势. 进入本世纪后, 与德国相比, 法国数学研究的范围日益显得有些偏狭, 更少新的思想. 函数论向来是法国数学的一张王牌, 但到本世纪 30 年代, J.Hadamard, E.Borel, E.Picard, P.Montal, G.Julia, G.Valiron 等的光辉成就已成强弩之末, 难以为继, 他们的方向也不再像过去那样在整个数学王国中占据核心地位, 法国数学已濒临丧失过去二百多年来国际领先地位的境地, 而且与周围各国的差距颇有扩大之势. 在这样的形势下, 法国一些年轻而有才华的有心人创立了 Bourbaki 学派, 经过数十年的惨淡经营, 终于使法国数学重新占据世界舞台的中心. 在构造概念下对全部数学的统一处理, 《数学原理》全书的编写, Bourbaki 讨论班的创立, 对青年一代的培养, 凡此种种, 都无非是在以复兴法国数学为历史使命这一指导思想下产生的数学思想与具体措施. 当年都是二十多岁的年轻人, 如今都已耄耋老矣, 有的已经故世, 近年来, Bourbaki 的影响已见衰退, 对他们的思想与体系也颇有争议, 并不时受到非议, 其成功确也有一定的范围和局限性. 但是他们为重振法兰西精神所作的努力, 不仅对法国人民是可贵的, 也可供其他各国人民借鉴与学习. 我们要向 Bourbaki 学派学习的, 不在于他们在各个领域取得的各项特殊的成就,也不在于他们时有争议的思想体系. 这些都在可学可不学、可从可不从之间. 真正值得我们学习的乃是他们这种可贵的精神.

中世纪的欧洲,一直为封建领主所割据而分成无数小块领地. 至 10 世纪末,法兰西虽然名义上成为统一的国家,实际上仍然四分五裂,直到英法百年战争之后,于 15 世纪才结束了封建割据,实现国家统一,至今不过四百多年. 与之相较,早在公元前 211 年,秦始皇统一六合,中国就成为中央集权的封建大帝国. 自秦汉迄宋元时代,我国在数学上绵延不绝的光辉成就,为现代数学打下了基础,也为数学的未来发展做出了楷模. 只是自明代以来的几百年中,我国的传统数学骤然衰微,几乎退出了历史舞台. 振兴中华,对数学工作者来说,不仅是振兴的问题,而且还有一个复兴的问题. Bourbaki 学派复兴法国数学所作的努力,为我们提供了一个良好的榜样. 这是我们创设刘徽数学讨论班的缘起.

发起的同志认为讨论班有必要冠以某一著名数学家的名字,原拟为祖冲之讨论班,最后确定为刘徽讨论班.

祖冲之, 5 世纪南北朝人,最为国内外知名的工作是关于圆周率 π 的计算.《隋书·律历志》载:"宋末,南徐州从事史祖冲之更开密法. ……密率: 圆径一百一十三,圆周三百五十五. 约率: 圆径七,周二十二."用现代的形式描述即

$$\frac{22}{7} > \pi > \frac{355}{113}.$$

此外,祖冲之最主要的著作是《缀术》,号称难读,并已失传,内容已不得而知. 他的儿子祖暅,为解决长期悬而未决的球体积问题提出"幂势既同,则积不容异"的原理,也就是迟至 17 世纪又被重新发现的 Cavalieri 原理. 众所周知,这一原理是微积分得以产生的主要推动力之一. 祖冲之不仅是一位伟大的数学家和天文学家,而且也是一位伟大的工程师. 他曾制造过指南车、欹器、千里船、水碓磨等机械,经试验都很有效,可以说是我国古代一位 Leonardo da Vinci 式的伟人. 西方撰写的数学史提到我国古代的数学家时,常以祖冲之为代表. 鉴于祖冲之在科学技术上的成就,受到国内外如此尊崇,应该说是很自然的,而且是无可非议的.

但是,从数学的角度来说,祖冲之不能视为我国古代数学史上的代表人物. 真正的代表人物应该是刘徽,而不是祖冲之.

刘徽,三国魏晋时人,生卒年月不详. 我国古代数学的经典代表著作是成书于公元前后 100 年间的《九章算术》(以下简称《九章》). 刘徽的主要著作一是为《九章》作注 (以下简称《九章注》),另一是原拟作《九章》新补一章但后来单独成书的《海岛算经》. 对于从事中国古代数学史研究的同志来说,把刘徽看成我国古算的代表人物应该是毋庸置疑的. 但对于一般人来说,刘徽可能是不见经传的人物,与祖冲之之家喻户晓不能相提并论.

笔者认为，一般人，包括很大一部分数学工作者，只知有祖冲之而不知有刘徽，其中颇有缘故．不论中外，圆周率的计算历来都是众所瞩目的问题．在圆周率计算上有突出成就的祖冲之，也就容易得到对我国古代数学颇为隔膜的西方数学史家的赞扬．追本溯源，很可能是由对我国古算仅仅一知半解的西方传教士先入为主的介绍所致．不论有意无意，真正代表我国古代数学的《九章》，西方传教士几乎从未提到．近代，《九章》虽然也被翻译成几种外文，但其真正精髓《九章注》，至今仅有一种日文译本．我国古代数学，至明季已几成绝学．现代的数学，自明末西方传教士进入我国开始，完全从西方引进．一般人对我国传统数学的认识，也就往往以西方数学史家的著作为依据，西方传教士的一孔之见，不知不觉地深入人心而成为普遍的看法．

祖冲之父子的主要著作《缀术》早已失传，其内容不得而知．因而对祖冲之在数学上的成就很难作出全面确切的评价．就圆周率计算而论，虽然祖冲之的疏密二率是一项杰作，但二率的得来各家说法不一，颇难臆测；估算较疏但早于祖冲之者国外有阿基米德，国内据《隋书》所载就有刘歆、张衡、刘徽、王蕃、皮延宗等，晚于祖冲之但估算更精密者则有 15 世纪阿拉伯的阿尔卡西等．因而祖冲之在数学史上的地位仅凭这一工作并不能评价过高．相反，计算圆周率的理论根据需要某种极限的概念．通过圆内接多边形周界极限来计算圆周率的方法，刘徽在《九章注》中已作了详细的解释．在没有发现其他文献可以印证的情况下，刘徽无疑应视为圆周率计算理论与方法的真正奠基人与缔造者．同样，祖暅原理即后世的 Cavalieri 原理虽然出自祖暅，球体积的计算也完成于祖暅，但在刘徽的《九章注》中，早已有了这一原理的痕迹，刘徽并且已应用于某些简单曲体体积的计算，只是没有形成文字而已．把这一原理改称为刘祖原理，亦无不当．至于祖暅的球体积计算，依赖于某一古怪的立体所谓牟合方盖体积的计算．但牟合方盖以及由此通往球体积计算的道路，刘徽在《九章注》中都已指明．自刘徽至祖暅的数百年间，不妨可以认为正是由于数学家们孜孜矻矻地遵循了刘徽指明的道路，才终于完成于祖暅的．

《九章》特别是刘徽的《九章注》，是我国传统数学的伟大宝库，是直至宋元时期我国在数学上许多重要发明创造的源泉．刘徽对数学的贡献，足可与古希腊的贡献相提并论，对现代数学的影响，也绝不在古希腊的影响之下．以上所举的圆周率与球体积计算，只是刘徽众多贡献中的两例而已．我们不拟对刘徽的贡献作较详细的介绍，读者尽可求之于刘徽的原著或有关中国数学史家的专门著作．

为《九章》作注者并非刘徽一人，在刘徽前后都不乏其人．但除了唐代李淳风作的补注以外，只有刘徽的《九章注》流传至今．我们不妨认为《九章注》是刘徽以及其前与同期我国数学家聪明智慧的结晶，而以刘徽为这些古贤哲的代表，正像 Bourbaki 是一个集体的代表名称那样．在这种意义下，刘徽无可争议地是我国传统数学中唯一的代表人物．

对于我国的中国数学史专家来说，刘徽之为我国传统数学的代表人物本来是一种常识. 但我国传统数学濒于失传并让位于西方近代数学已有几个世纪之久，因而我国的数学家容易以对我国传统数学几乎一无所知的西方数学史家的舆论为舆论，而忽略了熟悉我国传统数学的我们自己数学史家的真实意见. 这可能是历来盛称祖冲之而刘徽之名不彰的重要原因之一.

这一轻重倒置与我们创设这一讨论班的主旨根本不相容. 因之，这一讨论班不能冠以祖冲之之名而应以刘徽来命名. 这就是刘徽讨论班名称的由来.

这次讨论班由 15 位专家分别对数学中若干重要领域、重要理论与课题作了概括性的介绍. 他们的报告除了一篇因未交稿以外都收在这本文集中. 所介绍的领域有数理统计、线性规划、模型论、复几何、Kac-Moody 代数、非标准分析、模糊数学等. 报告人都是有关方面的专家并有他们自己的贡献. 这些领域有些历史悠久，其重要性久已为人们认识，有些虽然出现较晚，但影响颇为深远. 例如 20 世纪 50 年代开始提出的模型论，是 60 年代出现的划时代的非标准分析的基础. 又如线性规划，虽然出现于 60 年代初期，近年来由于出现了苏联 Khachiyan 和印度 Karmarkar 提出的新方法引起了重大反响，《参考消息》上也有过多次报道. 再如复几何，由于陈省身、丘成桐等的重要贡献，成为纯数学中当前极为活跃的一项中心课题，报告人钟家庆同志由于这方面的工作而获得第一届陈省身奖. 某些领域形成未久，例如 Kac-Moody 代数，因 1968 年 Kac 的工作而得名，由于在物理学及其他方面的应用而得到迅速发展. 另外，某些领域如模糊数学，历来虽有争议，但其应用前景颇为乐观，有待于在这方面已有显著成就的我国数学家继续努力. 又如非标准分析，于 60 年代初为 A.Robinson 创立后，数学家们对之持不同态度，但近年来由于法国 Strasbourg 大学 G.Reeb 领导下数学家做了出色的工作，Bourbaki 讨论班曾作专门介绍，局面势将改观. 我国数学家已率先将非标准分析成功地应用于解决广义函数乘法问题，这是广义函数问世以来即被公认的难题.

近年来，众多长期成为悬案的难题获得了重大进展，以至彻底解决. 例如，关于 Bieberbach 猜想的论文历来数以万计，却为 de Branges 一举获得完全的证明. 尤其难能可贵的是组合数学中存在了百多年的所谓 Steiner 三元系问题，直至 1980 年还认为解决无期，却在 1981~1983 年间为我国内蒙古一位中学教师陆家羲几乎完全解决. 在他不幸早逝时，只留下了六个孤立的例外. 陆家羲同志由于这一杰出成就获得第三届国家自然科学奖一等奖. 此外如气体动力学中的 Riemann 问题，已有百年以上的历史，向为 Courant 研究所的传统研究课题，我国丁夏畦、罗佩珠、陈贵强等同志对此取得了重要的突破性的进展. 陈贵强同志因此被 Courant 研究所邀请访问已有两年之久. 中国科学院已初步评定授予丁夏畦同志科技进步奖特等奖. 又如不动点理论向来是拓扑学与应用联系的一个重要纽带. 其中关于不动点几何个数的 Nielsen 理论出现于本世纪 20 年代，我国数学家江泽涵、姜伯驹、石根华等同志作了重要的发展. Nielsen 的一个重要猜测直到数年前才为姜伯驹所解决.

有些理论与方法是我国数学家所独创的. 例如廖山涛同志关于微分动力体系的理论, 获得了 1986 年度第三世界科学院奖和我国第三届国家自然科学奖一等奖. 又如洪加威同志的几何定理例证法, 思想新颖, 不仅在数学上而且在哲学思想上发人深思, 已在国际上引起轰动.

我国传统数学有其自身的发展途径与独到的思想体系, 而以机械化为其特色; 方程求解尤其是贯穿两千多年发展中的一条主线. 这与遵循古希腊传统的西方数学的公理化演绎体系大相径庭, 旨趣迥异. 在历史长河中, 数学机械化算法体系与数学公理化演绎体系曾多次反复互为消长, 交替成为数学发展中的主流. 肇始于我国的这种机械化体系, 在经过百年来的消沉后, 由于近代计算机的出现, 已越来越为数学家所认识和重视, 势将重新登上历史舞台. 笔者关于几何学的机械化方法, 本质上即直接导源于我国传统数学的思维方式, 目前在几何学定理的证明上, 已获得极为可观的成功. 这一方法同样可用于方程求解, 这也是对我国传统的直接继承. 由于理论问题与实际中来源不一的形形色色问题, 最后往往归结为求解某种类型的方程, 因而其应用前景极为宽广. 我们的方法为复兴我国的传统数学, 提供了一个有效的切实可行的途径. 笔者在这方面的第一篇著作《初等几何判定问题与机械化证明》, 刊载于 1978 年《中国科学》. 笔者在该文之末加了一个附注, 现将这一附注照录如下:

"我们关于初等几何定理机械化证明所用的算法, 主要牵涉到一些多项式的运用技术, 例如算术运算与简单消元法之类. 应该指出, 这些都是十二至十四世纪宋元时期中国数学家的创造, 在那时已有相当高度的发展. 详细介绍可参阅钱宝琮的著作 (中国数学史. 科学出版社, 1964). 事实上, 几何问题的代数化与用代数方法系统求解, 乃是当时中国数学家的主要成就之一, 其时间远在十七世纪出现解析几何之前."

讨论班的创立曾得到北京中关村科技发展公司的赞助, 在此顺致谢意. 国外近年来有了重大发展而国内又有这方面专家可作深刻分析介绍者为数众多, 国内也还有不少发明创造. 由于条件限制, 讨论班的报告人只能局限于北京及其近邻地区. 还有些同志由于出国访问或其他原因, 虽曾邀请作相应的报告但未能如愿. 不过, 仅从收集在本文集的报告内容来看, 已足见我国在数学上已具有一定的实力和强大的潜力. 复兴而不仅是振兴中国数学, 使自秦汉迄宋元傲居世界舞台中央的中国数学重展昔日雄风于今日, 应该是完全可能的.

《陈省身文选》序
—— 中央研究院数学研究所一年的回忆*

科学出版社决定出版《陈省身文选》，内容包括陈省身教授的许多通俗演讲、综合报告、著作与人物评价，以及对自己的传记文字等．出版社要我写一篇序，并把《文选》几乎全部文章的复印件交给我，以作参考．这使我感到无上荣幸，又感到难以胜任．但在将这些复印件翻阅之后，我回想起 1946~1947 年在中央研究院数学研究所期间，在陈师指导下学习拓扑学的种种经历，故作此随笔，以志不忘．

我在国外访问期间，曾与国际友人谈起个人的学术经历．我说起我与陈师本不相识，只是在中研院数学所待了一年，从陈师学习代数拓扑，从此走上了拓扑的研究道路．闻者大为惊异，拓扑号称难学，一年就在拓扑上做出研究成果，认为不可思议，因而见人就说此事．其实这并不可怪，这正好说明陈师善于提携后进，指导有方所致，如此而已．

经过是这样的，陈师是清华大学也是西南联大的教授，而我毕业于上海交通大学数学系．时值抗战，我常年蛰居上海，对外界数学情形颇为茫然，对陈师也一无所闻．1945 年抗战结束，我有暇得以复习旧日所学的数学．与陈师相识，全靠亲友帮助介绍．其时陈师自国外回上海主持中研院数学所，经朋友介绍往见陈师．亲戚并为我打气，说陈先生是学者，只考虑学术，不考虑其他，不妨放胆直言．在一次与陈师晤谈中，我直率提出希望去数学所．陈师不置可否，但送我出门外时，却说：你的事我放在心上．过了没有多久，陈师通知我去所工作，从此我便走上了数学研究的道路．

当时的数学所规模很小，只占据一座楼的第二层．最大的一间供会议与报告之用，次大的是图书室．我被安排在图书室作为工作地点．陈师独居一室，只记得有一架打字机，陈师经常在上面用一个指头打字．其余大都是大学毕业未久的年轻人，分居各室．我到那里时数学所刚成立，陈师出身北方大学，但对吸收年轻学子毫无门户之见．他们来自武汉大学、浙江大学、上海大同大学，我来自上海交大，来自西南联大者只有陈国才一人．

数学所只办了三年．在将近四十年后，1985 年陈师又在天津办起了南开数学所．两个数学所虽然人物已非，内容有异，但都体现了陈师的宏伟意图，想通过它

---

* 本文摘自《陈省身文选：传记、通俗演讲及其它》．科学出版社，1989.

们来振兴中华数学,使中国在未来成为与国外平等独立,甚或领导世界的数学大国,有步骤有计划地稳步进行,前后是颇为一致的. 南开的数学所,正是四十年前中研院数学所不幸中断的一个继续.

中研院数学所的第一年,我们的学习集中于代数拓扑,陈师为此一周要讲多达十二小时的课,并经常到我们的房间里来讨论拓扑中的各种问题. 在这一年中,陈师很少讲到微分几何. 我在数学所只待了一年,以后数学所搬往南京,又新来了不少人,也仍以代数拓扑为研究与学习的中心. 但在私下里,陈师曾多次和我谈起,他的主要目标不是拓扑而是大范围或整体性微分几何.

E.Cartan 是近代最伟大的微分几何学家 (见本书在国际数学家大会上的报告《微分几何的过去和未来》一文),陈师是 E.Cartan 的当之无愧的继承人 (见本书,A.韦伊《我的朋友 —— 几何学家陈省身》),也是现代微分几何的奠基人. E.Cartan 的全部著作中的微分几何部分,几乎全部局限于局部性的微分几何,虽然在晚年注意到 Lie 群的整体性质,并提出关于古典 Lie 群 Betti 数的可能公式 (后来为 R.Brauer 及 L.Pontrjagin 所证明) 以及后来为 de Rham 所证明对微分流形拓扑性质带有根本性的猜想,但本人并非拓扑专家,且垂暮之年也已无力为此. 代数拓扑虽创自法国的 H.Poincaré,但直到 20 世纪 30 年代,法国并没有真正的代数拓扑学家,法国第一个这样的拓扑学家,是 E.Cartan 的学生 Ehresmann. Ehresmann 为了完成他的博士论文所需要的拓扑学,曾在美国普林斯顿 (Princeton) 待过一年,就学于 Lefschetz 等. 虽然如此,在 E.Cartan 的著作中,既指出了拓扑学对于微分几何发展的美好前景,又蕴涵了许多对于拓扑学本身极有重要意义的精邃思想. Ehresmann 就在 E.Cartan 著作的启发之下,引进了纤维丛与联络的一般概念,成为纤维丛理论与近代联络论的奠基人之一. 但更重要的发展则无疑来自陈师.

陈师在四年一次的国际数学家大会上,前后作过三次报告. 第一次是在 1950 年,作一小时的全会报告,见本书《纤维丛的微分几何》译文. 第三次在 1970 年,也是一小时的全会报告,见本书《微分几何的过去和未来》. 在 1970 年的一文中,陈师指出,"除了少数孤立的结果外,大范围微分几何一直等到代数拓扑和 Lie 群为它铺平了道路才得到发展",而"大范围微分几何是一个年轻的领域". 事实上,使大范围微分几何从少数孤立的结果得以蔚然形成当前最活跃的独立分支之一者,可以说正是陈师本人. 纤维丛与联络的概念虽然早已隐含在 E.Cartan 的著作中并由 Ehresmann 与陈师提炼出来,但陈师与 Ehresmann 不同之处是:后者只对概念提出了明确的描述,而前者则不仅如此,还提出了从事这方面定量研究的方法、工具与实例——即示性类特别是以陈师命名的陈类的引入,示性类在联络之下的具体表达式,以及 Gauss-Bonnet 一般公式的重要证明,等等. 最早的示性类虽由 Stiefel 与 Whitney 在 1935 年时分别循不同途径引入,但性质所知不多且未定名,直到后来才定名为 Stiefel-Whitney 示性类. 由于这些类都是模 2 系数的同调类, 因而对微分几何与分析的研究作用有很大局限性. 至于整系数的 Pontrjagin 示性类则虽已在 1942 年为 Pontrjagin 所引入, 但也未定名. 并因战时交通不便, 鲜为人知, 而且它们的性质直到现在还有很大的神秘性. 因而当陈师在 1943 年初次抵美时, 纤维丛理论还在萌芽阶段, 示性类的概念也处于模糊的状态. 但在陈师抵美后的短短几年间, 由于陈师的几篇历史性的名著而使纤维丛与示性类理论整个地为之改观. 在陈师的 *Characteristic classes of Hermitian manifolds* 一文中, 引入了后来被称为陈类的示性类并提出了多种不同形式的定义. 以后的研究证明 Pontrjagin 示性类可以经流形或纤维丛的复化作为陈类来处理, 因而陈类在各种示性类中可以说是最基本最有应用前景的一类. 后来的发展完全证实了这一点. 它们不仅是微分拓扑、微分几何、复流形理论、代数几何等许多不同领域的研究所不可缺少的有力工具, 并是使这些不同领域融合在一起的纽带. 最后十几年的研究还指出了陈类与 Yang-Mills 场以及其他物理问题有密切关系, 因此连理论物理学家们对于陈类这一名称也已耳熟能详, 甚至使用到它们的理论物理研究中去了.

凡事必须从根本做起, 大范围微分几何的真正发展一直要等到代数拓扑和 Lie 群为它铺平道路. 因而, 尽管陈师的主要目标是大范围微分几何, 但在中研院数学所的三年期间, 对年轻人没有讲授微分几何, 而致力于代数拓扑方面的培养. 陈师并对我们这些年轻人指出, 要进入近代数学之门, 应该好好学习三本书: Pontrjagin 的连续群论、Chevalley 的 Lie 群论, 以及 H.Weyl 的古典群论. 事实上, 正如陈师早在 20 世纪 40 年代所证明并在 60 年代为 Atiyah, Bott 等所继续的那样, 示性类可以作为某些古典 Lie 群作用在纤维丛时的不变量, 并由此可以导出它们的明显表达式.

20 世纪 70 年代以来, 陈师经常回到中国, 多年来作过不少演讲也开过不少课程, 但内容都是微分几何. 由陈师倡导举办了多次的双微会议, 也以微分几何与微分方程为主题. 这期间很少讲代数拓扑或微分拓扑. 事实上, 中研院数学所的三年, 陈师已为我国培养了一批拓扑学的骨干, 而且代数拓扑除留下一些难题如 Poincaré 推测等外, 已非当年之居于数学发展中心者可比. 与之相反, 国内对 E.Cartan 的著作仍然陌生, 对于大范围微分几何更近于空白. 陈师这些年来倡导双微, 并经常以演讲与课程形式, 培养青年一代掌握现代微分几何的要领. 如果把国内现在的形势与 70 年代初期相比, 则可看出, 中国已涌现了一批现代微分几何的少壮队伍, 在某些课题方面, 已经可使国外专家们刮目相看, 取得了一定的国际地位, 这是与陈师这些年来的辛勤耕耘分不开的. 南开数学所更是有计划地逐年以数学的某些特定范围为中心, 邀请外籍专家以及国内有成就的数学家来所系统讲学, 鼓励国内青年学者来所进修, 已形成一个中外瞩目的国际数学中心. 当年中研院的数学所, 已以更大更新的规模重见于今日.

陈师一直关心中国数学发展的前途,也一直为促使中国未来成为数学大国而努力. 先后两次的数学所,都具有同样的目的. 本书《在"二十一世纪中国数学展望"学术讨论会开幕式上的讲话》一文中,曾提到"中国数学的目的是要求中国数学的平等和独立. 中国的数学要能够跟西洋的数学平等",又说,"我们也要求独立. 就是说,中国数学不一定跟西洋数学做同一方向,但是要有同样的水平". 为了达到这一目的,必须"在中国建立基地",两次数学所之设,也正是这方面的具体措施. 陈师把这方面的成功特别寄托在青年一代身上. 在中研院数学所,陈师主要是找一些青年人传授现代数学,特别是拓扑学. 尽管时间短暂但已经取得极大成功. 南开的数学所以及陈师倡导或亲身实行的许多其他活动也以提高青年人的学术水平进入研究创作为目的. 作为中华民族的优秀青年,如何实现这一宏伟目标,使中国的数学能达到平等和独立,并进而在 21 世纪使中国成为数学大国,应该是在此书鼓舞之下的一项神圣使命.

《〈九章算术〉及其刘徽注研究》序*

美国克莱因(M.Kline)的《古今数学思想》一书,在国际上被认为是最好的一本数学史专著.在该书作者自序的篇首,作者引用了 H.Poincaré 的一句名言:

如果我们想要预见数学的将来,适当的途径是研究这门科学的历史和现状.

笔者基本上同意该书作者对数学史的态度与观点,尤其同意所引用的 Poincaré 那句名言.遗憾的是,克莱因把数学的历史和现状实质上完全局限于西方的数学.为此,笔者认为为了澄清事实,对 Poincaré 的名言,应该补充一句作为注解:

特别是研究这门科学在中国的历史和现状.

出现于秦汉时代的《九章算术》与魏晋时期的《刘徽注》(以下简称《九章》与《刘注》),是数学在中国最早、最完整的历史记录.《九章》与《刘注》,是研究数学在中国的历史和现状的钥匙.

克莱因一书的正确书名,事实上应该是《西方古今数学思想》.在全书 51 章中,只有标题为印度和阿拉伯的数学的第 9 章才涉及到非希腊传统的东方数学.尽管如此,在该章之首作者还提出下面的看法:

在数学史上,希腊人的后继者是印度人,虽然印度的数学只是在受到希腊数学成就的影响后才颇为可观.

只要对中国的传统数学略有所知,即知此语之谬.但是,我们不能轻以责己,而严以责人.造成这种局面的原因应该返求诸己.如果我们对自己数学的历史了解不多、认识不深,也不向西方的学者多作介绍,又如何能要求一位西方学者,克服文字上难以逾越的困难而对中国的传统数学在数学发展历史上的地位作出正确的评价.

作为一名中国的数学工作者,首先应对自己的数学历史有深刻的认识,为此必须首先对《九章》与《刘注》有确切的了解.

数系统的每一步完善都是数学进展的重要标志.无理数的发现,曾在西方引起了数学危机.负数与实数概念,则在西方很晚才得到确认.克莱因在《古今数学思想》中曾经说过:

负数虽然通过阿拉伯人的著作传到欧洲,但 16 世纪和 17 世纪的大多数数学家并不承认它们是数.

克莱因又说:

数学史上最使人惊奇的事实之一,是实数系的逻辑基础竟迟至 19 世纪后叶才建立起来.在那时以前,即使正负有理数与无理数的最简单性质也没有逻辑地建立,

---

* 本文摘自《〈九章算术〉及其刘徽注研究》(李继闵著).陕西人民教育出版社,1990.

连这些数的定义也还没有. ……这一事实说明数学的进展是怎样地不合逻辑.

然而在我国, 远在《九章》之前就已有着举世无双的位值制十进制记数法. 至迟在《九章》中, 就已记载着有理数与正负数的各种运算规则. 不仅如此, 对于古代希腊认为迷惑不可理解的开根不尽之数, 在《九章》与《刘注》中直截了当地"以面命之", 给出了独立成数的定义与某些运算法则. 事实上, 通过十进不尽小数的引入, 以及开方与圆周率的极限计算, 《九章》与《刘注》实际上已完成了整个实数系统. 所谓实数系统的严密逻辑基础, 完全可以通过朴素的十进制小数来完成, 而无需借助于 19 世纪才引入的 Dedekind 分割之类迂回曲折的概念.

数学研究现实世界中的数量关系与空间形式. 在中国的传统数学中, 数量关系与空间形式往往是形影不离并肩地发展着. 但在以欧几里得为代表的希腊传统里, 则几何学独立于数量关系而以单纯研究空间形式的格局发展着. 在《古今数学思想》中克莱因说:

代数虽在埃及人和巴比伦人开创时是立足于算术的, 但希腊人却颠覆了这个基础而要求立足于几何.

希腊传统的这种排斥数量关系于几何之外的研究方式可能给数学包括几何带来了严重后果. 在欧洲长时期黑暗的中世纪中, 数学的发展陷于停顿, 几何也是如此. 笔者怀疑欧几里得那种单纯依靠艰涩而迂曲地进行的推理方式, 正是造成这种停顿的重要原因之一. 不论笔者的怀疑有多少真实性, 一个无可否认的事实是: 中世纪时阿拉伯世界, 无疑是由于东方的影响, 已经充分掌握了当时数量关系方面的许多知识与方法, 可能还有不少自己的创造. 通过伊斯兰教、蒙古与土耳其的西侵, 以及十字军的东征, 这种知识与方法传入了欧洲, 前面所说负数的传入正是其中之一. 这种传入无疑促成了中世纪以后欧洲以数量关系为主而与欧几里得传统大相径庭的种种发明创造: 小数、对数、符号, 以至三次、四次方程的解法, 等等.

与以欧几里得为代表的希腊传统相异, 我国的传统数学在研究空间形式时着重于可以通过数量来表达的那种属性, 几何问题也往往归结为代数问题来处理解决. 面积、体积与圆周率的计算导致无理数概念的引入, 相当于 Cavalieri 原理的刘祖原理的发现, 以及极限方法的创立. 把几何问题化为代数问题的做法, 则导致方程、天元等概念的引入, 多项式运算与消元方法的建立, 以及各种方程的系统解法, 并使几何代数化有途可循, 有法可依. 17 世纪 Descartes 解析几何的发明, 正是中国这种传统思想与方法在几百年停顿后的重现与继续.

《九章》与《刘注》, 正是集中国这种传统思想与方法于大成、继往开来的传世杰作.

笔者曾在多种场合, 指出我国的传统数学有它自己的体系与形式, 有着它自身的发展途径与独到的思想体系, 不能以西方数学的模式生搬硬套. 我国的古代数学基本上遵循了一条从生产实践中提炼出数学问题, 经过分析综合, 形成概念与方法,并上升到理论阶段,精炼成极少数一般性原理,进一步应用于多种多样的不同问题.从问题而不是从公理出发,以解决问题而不是以推理论证为主旨,这与西方之以欧几里得几何为代表的所谓演绎体系旨趣迥异,途径亦殊.由于形形色色的问题往往归结为方程求解,因而方程求解就成为中国传统数学《九章》以来发展中的一条主线.这与西方数学之以定理求证为中心者正相对照.《九章》与《刘注》不仅提出了线性联立方程组的一般解法以及相伴而生的正负数概念,也给出了如何由开方与勾股类问题导致二次方程的范例,为此后千多年方程不断发展开其先河.诸如方程之类如何由简到繁,由特殊到一般,由具体到抽象的演变过程,从研读《九章》与《刘注》,可以得其梗概.

研究《九章》与《刘注》,不仅对于数学的历史,即使对于数学的现状,也可提高认识.

我国传统数学在从问题出发以解决问题为主旨的发展过程中建立了以构造性与机械化为其特色的算法体系,这与西方数学以欧几里得《几何原本》为代表的所谓公理化演绎体系正好遥遥相对.《九章》与《刘注》是这一机械化体系的代表作,与公理化体系的代表作欧几里得《几何原本》可谓东西辉映,在数学发展的历史长河中,数学机械化算法体系与数学公理化演绎体系曾多次反复互为消长,交替成为数学发展中的主流.肇始于我国的这种机械化体系,在经过明代以来近几百年的相对消沉后,由于计算机的出现,已越来越为数学家所认识与重视,势将重新登上历史舞台.《九章》与《刘注》所贯穿的机械化思想,不仅曾经深刻影响了数学的历史进程,而且对数学的现状也正在发扬它日益显著的影响.它在进入 21 世纪后在数学中的地位,几乎可以预卜.

总之,要预见数学的将来,不能不研究《九章》与《刘注》所蕴含的深邃的思想在数学发展过程中的历史功绩,也不能不正视正在崭露头角的这种思想对数学现状的影响.本书对《九章》与《刘注》从各个角度作了全面的分析与介绍.书中不乏创见,对《九章》与《刘注》中无理数理论的阐发即是其中之一.笔者希望读者通过此书,不仅对中国传统数学在古今数学思想中的地位会有一个清晰的认识,而且能对数学将来的发展得出自己的结论.

《郭书春汇校〈九章算术〉》序*

相传约在公元前三百年左右，地中海岸亚历山大城的欧几里得写成了《几何原本》(以下简称《原本》) 一书，代表了古希腊数学的一个顶峰．至于该书所依据更古时期的文献，则除了一些不足道者外，已无整篇留传至今．学者们从现在各种资料中企图拼凑出欧几里得其人及其以前的数学面貌，大都有臆测成分．这与巴比伦泥版之类地下文物之确凿可据，是无法比拟的．

在中国，则史称隶首作数，至周公制礼而有九数，汉代郑玄为《周礼》作注，曾提及九数及若干种篇章的细目．秦汉之际张苍、耿寿昌因旧文删补，至公元前后定型而成《九章算术》(以下简称《九章》) 一书，其内容与郑玄所述基本上无大差异，即刘徽所谓"九数之流，则《九章》是矣。"因而《九章》应可视为周公以至秦汉我国在数学上成就的一个大总结．近年来的地下发掘，所发现的大量文物，更为《九章》前身提供了实物佐证．

《原本》开创了公理化演绎系的纪元．其思想与方式，在数学的现代研究中占据着一种统治地位．但从《原本》出现以至今日，其经历不无坎坷曲折．在漫长的中世纪时期，《原本》以至整个希腊学久已默默无闻．直至 9 世纪时，才由阿拉伯人将《原本》的希腊文传成阿拉伯文，至 12 世纪的十字军东征期间，又从阿拉伯文译成拉丁文．至于拉丁与希腊文本在欧洲的广泛流行，则似有待于 15 世纪以后．

在我国，则《九章》以其独特的方式与方法，阐扬了以算为主以术为法的算法体系的泛滥，《九章》之义更为一般数学家所不屑．但由于近代计算机的出现，其所需数学的方式方法，正与《九章》传统的算法体系若合符节．《九章》所蕴含的思想影响，必将日益显著，在下一世纪中凌驾于《原本》思想体系之上，不仅不无可能，甚至说是殆成定局，本人认为也绝非过甚妄测之辞．

现在《原本》，绝非欧几里得原来的写本．现在所见《原本》的各种抄本中，最早的希腊文抄本在公元 10 世纪时，距今人近而距欧几里得远．其间已不知经历过多少遍辗转传抄．丹麦学者 Heiberg，曾以难以置信的毅力，对现存各种《原本》的版本以科学方法细加勘校，所得结论是：所有版本除一种外，都导源于公元 4 世纪时埃及著名学者亚历山大城 Theon 的一个抄本．至于孤立的另一抄本，则其出现的时间应在 Theon 的抄本之后．由于欧洲习惯在传抄时往往以己意随意添加删补而不加注明，因而现存《原本》与欧几里得原来写本有多少出入，特别是 Theon 对原著的忠实程度如何，都是难以判定的．

＊本文摘自《郭书春汇校〈九章算术〉》．辽宁教育出版社，1990．

我国的《九章》也同样历经传抄、注释与刊印,存在着多种不同的版本.与欧洲的习惯不同,中国的史家有着优良的传统.所有注释家如刘徽、李淳风等,都须严格注明何处是本人加注,何处是原文所有,经纬分明,不容混淆.因而传抄虽难免有误,原文实质可保证妄加篡改之虞,鉴于《九章》在数学发展历史上的已有作用以及对未来无可估量的影响,理应对各种版本细加校勘.对辗转传抄与刊印中可能出现的谬误一一指出,如 Heiberg 之于《原本》所为,应是一件不容回避的重要工作.郭书春同志多年来博采群书,艰苦奋尝,终于完成了这一艰巨的历史性任务.在此书行将出版之际,特书此以聊表庆贺之情.

《中国数学史大系》序*

　　1984 年间, 四位中国数学史的专家教授, 倡议缮写一部全面论述中国传统数学历史发展的巨大著作, 取名为《中国数学史大系》, 这四位教授 (以年事为序) 是:

　　北京师范大学的白尚恕教授;

　　杭州大学的沈康身教授;

　　内蒙古师范大学的李迪教授;

　　西北大学的李继闵教授.

　　中国传统数学源远流长, 有其自身特有的思想体系与发展途径, 从远古以至宋元, 在很长一段时间内成为世界数学发展的主流, 但自明代以来, 由于政治社会等种种原因, 特别如明末徐光启所指出的那样, 一方面"名理之儒, 土苴天下之实事", 另一方面"妖妄之术, 谬言数有神理", 致使中国传统数学濒于灭绝, 以后全为西方欧几里得传统所凌替以至垄断, 虽然康乾之世曾有一度重视, 但仅止于发掘阐释古籍而已, 循至 20 世纪中叶, 李俨、钱宝琮先生撰写中国数学史专门著作进行介绍, 使中国古算得以不绝如缕. 到 70 年代特别是改革开放以来, 全国兴起了研习中国传统数学的高潮, 论著迭出, 仅就对《九章算术》与注者刘徽的各种形式的专著, 就在 10 种以上, 其他方面论著之多, 更难以统计, 这些研究使中国传统数学的固有特色, 如构造性、机械化以及离散型的算法形式等, 与西方欧几里得传统迥然异趣, 得以贻然在目, 甚至国外数学史家, 也表示了对中国古算的浓厚兴趣, 李约瑟的中国科技史巨著固不待论, 此外还酝酿了《九章算术》与刘徽注的英文与法文编译, 尤其值得一提的是:《九章算术》刘徽注中关于阳马术的一段术文, 过去认为有脱漏舛误而难以理解. 丹麦的 Wagner 先生却给予了正确的解释, 使中国古算中一段辉煌成就, 得以大白于世. 虽然如此, 目前国内大部分群众对中国数学的成就和发展情况了解仍嫌不足, 已有的同类书籍却偏于某一侧面, 不能满足现在教学、科研或其他方面的需求. 已有的工作与我国的发展形势还不太相称, 国际学术界也有较强烈的要求, 希望有大型的中国数学史著作问世.《大系》的倡议, 可谓来自这些对客观形势的分析, 有鉴于客观上有此必要而来.《大系》全书是编年史, 自上古以迄清末, 共分八卷, 各卷自成断代史, 除复原古代算法的形式, 并对照以近代算法外, 将尽量收入各家最新研究成果, 以期能对中国古代数学的发展情况与辉煌成就作一次较彻底的清理与研究, 借以达到发扬成绩, 总结规律, 预见未来并服务于我国四化建设的目的.

---

　　* 本文摘自《中国数学史大系》(吴文俊, 李兆华主编). 北京师范大学出版社, 1998.

《大系》在白、沈与二李四位倡议与领导之下,有不少中算史的专家学者参与了写作,规模之宏,在国内外还从未见过,可谓首创.不幸的是:在写作过程中,李继闵教授于1993年因病逝世,白尚恕教授也于1995年因肺癌逝世.这影响了编写进程,使《大系》的写作不得不一再延期,原来的计划也作了某些局部修改,所幸赖写作者的积极工作,以及北师大出版社的高度热情,第一部分一、二、三卷自上古以迄以刘徽为中心的三国时代,终于问世.在《大系》全书不久即可全部出齐之际,聊志数语,以示庆贺.

Foreword of the *Nine Chapters on the Mathematical Art**

The *Nine Chapters on the Mathematical Art* is the supreme classical Chinese mathematical work. The book has not only remained the cornerstone of traditional Chinese mathematics in its development over the last 2000 years, but has also exerted a profound influence on the development of mathematics in other countries and regions. Traditional Chinese mathematics has its own distinctive theoretical system and formulation. It is quite different, both in subject matter and methodology, from the axiomatic system presented by Euclid. *The Nine Chapters on the Mathematical Art* and Euclid's *Elements of Geometry* provide a fascinating contrast between East and West. Unquestionably, these two masterpieces have proved to be the essential sources of modern mathematics. Further, Liu Hui's (3rd century AD) commentary is a remarkable achievement. His comments, on the one hand, contain deep and innovative discoveries and, on the other, present fundamental concepts in precise mathematical terminology. Using synthesis, analysis and even proof by contradiction, Liu Hui gives strict proofs of the results that were merely stated in the *Nine Chapters on the Mathematical Art*. Liu Hui works within an ancient geometrical tradition and gradually develops a system of mathematics with a distinctive character that aims at perfection.

Liu's discoveries have inspired all the later generations of Chinese mathematicians, even up to today's modern mathematicians who still draw lessons from his work. In terms of their contributions to mathematical science, Liu Hui and Euclid should be mentioned in the same breath.

It is a sad fact that contemporary generations cannot easily appreciate the book because of the language barrier that affects both Chinese and non-Chinese, and I believe it is therefore appropriate to have an English translation and annotation of the whole text, including the commentary by Liu Hui and the later one by the Tang

---

* 本文摘自 *The Nine Chapters on the Mathematical Art, Companion & Commentary* (Shen Kangshen, John N. Crosley and Anthony W.-C.Lun). Oxford University Press and Science Press, 1999.

dynasty mathematician Li Chunfeng. I am honoured to introduce the work of Professor Shen Kangshen (Hangzhou University, People's Republic of China), Professor J.N.Crossley (Monash University, Australia) and Dr A.W.-C.Lun (Monash University, Australia) and congratulate them on this publication.

《李俨钱宝琮科学史全集》出版贺词*

1998年末，李俨、钱宝琮两位中国数学史大师的科学史全集由辽宁教育出版社出版问世，标志着中国学术界的一件重大盛事．我对此衷心庆贺．

李、钱二老都生于1892年．二老出生于不同地区，有着不同的工作与学术经历，却不约而同在20年代初都走上了中国数学史研究的道路，成为这方面的奠基人与开拓者．

中国的传统数学不仅源远流长而且影响深远．例如，至今中小学数学教科书中，加减乘除与开方计算都奠基于古老中国所独有的位值制记数法基础之上，而代数中解线性联立方程组的消去法，以及正负数概念与移项法则，也正是中国两千多年前古著《九章算术》第八章方程的遗迹．这说明中国的传统数学，其成就不仅辉煌，而且是经得起时间的考验，而无法磨灭的．

然而，植根于中土有过几千年辉煌历史的中国传统数学，在近数百年中国与西方的交往中，却受到过西方数学传入的两次冲击，几濒灭绝．

第一次巨大冲击出现在明末清初．由于明代盛行科举，思想禁锢，以及其他种种政治上、社会上甚至数学本身上有待阐发澄清的原因，数学已大为衰落．事实上，作为历代经典的《九章算术》，已经湮没不彰．当时的士大夫，也鲜有能知之者．因而当利玛窦传入西算时，只能击节赞叹，俯首称颂，也就不足为奇了．

第二次巨大冲击出现在鸦片战争与洋务运动之后．欧洲中世纪时曾长期处于黑暗时代，数学近于空白．由于古希腊经典数书的重新发掘，与东方数学通过阿拉伯的传入，经过数百年的消化吸收，到15、16世纪时，欧洲的数学已从废墟上开始走上了独立发展以至有所创新的发展道路．到17世纪上半世纪笛卡儿的创立解析几何，与下半世纪牛顿的发明微积分，使数学从此蓬勃发展飞跃到全新高度．原来的中国传统数学自是望尘莫及．因之自李善兰于19世纪中叶译述西算，以及19世纪末派遣留学生学习西算以来，一百几十年间，中国知识分子忙于引入与接受近代数学的这些新颖思想与方法，落后的传统数学之被束之高阁，自在情理之中．

在第一次外来冲击下，清初王锡阐、梅文鼎等由于对中西数学的深入理解，有批判地吸收外来文化，既传播西方数学先进的一面，又发扬了我国传统数学固有的优点，结合比较，使奄奄一息的传统数学重现生机，并为此后百数十年重新发掘与阐释中国数学经典开其先河．甚至久已失传的某些经典著作如元朱世杰1299年的《算学启蒙》，不见于中国本土，却被重新发现于朝鲜，可视为王、梅等巨匠影响所

---

*本文摘自《自然科学史研究》，1999, 18(4): 291-292.

及的后果之一.

在第二次外来冲击下,苍白无力的中国传统数学,面对近代数学的压倒优势,已为青年学者所吐弃,充其量只能成为考据瘾与历史癖者们藏之高阁的故纸堆.传统数学又一次濒临绝境,势将在文化遗产中消失踪迹,从此为世人遗忘.幸赖李、钱二老在艰苦的铁路建设与繁重的教学工作之余,从事中国古籍的搜集、整理与阐释,使古代经典得以保存延续,并为有心人所认识.二老并以实事求是的严谨学风,开展中国数学史的研究工作,数十年如一日.他们对中算史兼及中国古历法天文史的著作,使中国传统数学得以绝处逢生,并使后来者通过二老的著作得以入门.二老在这方面的业绩,可以说是永垂不朽的.

中国古算由于与现代数学脱节,且古代文字与今迥异,即使是有志于此者也难以入门.李、钱二老关于中国数学史的著作与介绍,为后来者提供了入门的途径.以我自己来说,虽然出于民族感情与对历史的爱好,对中国古算不无向往,但大体上只是一种惋惜悼念之情.由于在学术上的无知,我与世俗之见相同,认为在数学上古算不值一顾.因而在数十年的数学研究生涯中,我对中算史只是偶有涉猎,即弃之如遗.直到 1975 年左右,当时的数学研究所,在关肇直同志的倡导下,积极学习中国古代数学.我在从关那里借了一本我藏书所无的《九章算术》,但在文字上深感格涩难通.直到转读钱老的《中国数学史》与李老的《中国算学史》,才逐渐入门,并为中国传统数学的深意与魅力所吸引.在当前的计算机时代中,更为中国古老的传统数学的现实意义与未来前景所震惊与鼓舞.李、钱二老全集的出版,相信将吸引一批青年学者,从此入门,认识中国传统数学的真貌,使之古为今用,为未来的数学发展做出无愧于先哲的贡献.

辽宁教育出版社为《全集》的出版付出了极大的劳动.尤其是在出版难的当前,这类图书乏人问津的时日,出版社能不惜牺牲,印行这一《全集》,其气魄令人感佩.至于全书印刷之精良,装帧之优美,尤其余事.此外,主编郭书春、刘钝搜集二老遗作与有关资料,详加考订,付出了辛勤的汗水.他们的功绩,也是值得人们铭记在心的.

《数学史教程》阅后感*

李文林《数学史教程》一书，即将再版。① 由于时间匆促，我只能匆匆翻阅，但印象深刻。这无疑将是一部传世之作。它对数学历史的认识与研究，将起不可估量的影响。

本书有许多同类史书所不能企及的特点。

特点之一：本书有着同类书中最大的空间跨度与时间跨度。从上古的巴比伦、希腊、中国、印度、阿拉伯世界，以至当代数学，遍及世界各地对于数学的贡献地位与影响，都有中肯的评论，这与常见的所谓世界数学史之以古希腊及其对现代数学影响为核心，其他则犹如点缀甚至歪曲者有明显的区别。

特点之二：本书不仅对史实有详尽而忠实的介绍，而且兼有史评史论的作用，更有精辟的历史观。例如作者称古希腊的数学是一种论证数学，而说中国的古代数学，在南北朝三国时期，也进入到论证数学，刘徽即为其杰出代表之一。至于中世纪欧洲数学的崛起，微积分的创立以及近代数学的诞生史，对于它们的历史背景与社会根源，作者都有敏锐的评论。作者对整个数学的发展有着明确的数学史观。在本书第三章之末，作者认为缺乏演绎论证的算法倾向，与缺乏算法创造的演绎倾向同样难以升华为现代数学，似乎可以说明这一点。

特点之三：本书不仅对数学家与他们的学术成就作了概括的介绍，而且对一些重要成就，不惜花费篇幅，作了较详细的忠实于原始创造的说明。例如阿基米德对于球体积与抛物形弓形面积的计算，刘徽对于 π 的计算原理与方法，牛顿与莱布尼茨关于微积分的发现过程，以至较近代如康托尔关于非可数集合的发现等等，都作了较详细的介绍。此类介绍可以说贯彻全书。这不仅可以满足读者们对了解历史发展的要求，而且可以深入体会数学大师们原始创新的艰苦历程与来龙去脉，其中有些在其他的数学史书中似从未见过。

最后，本书除了数学家们一般的传统故事外，还介绍了许多有趣的奇闻轶事。例如牛顿的许多传记故事，是大家所熟知的。但这些故事，都是由终身未婚的牛顿的外甥女管家所记录而流传下来的，特别是苹果落地的故事，即是由这位女管家告知法国的哲学家伏尔泰，再由伏尔泰写进《牛顿哲学原理》一书才为人们所知。这个故事我是第一次知道，相信很多读者也是如此。诸如此类的故事随处可见，这使向来枯燥无味只供专家们研读的数学史书，不仅有可读性，而且读之趣味盎然。这

---

* 本文摘自《数学史概论（第二版）》(李文林). 高等教育出版社, 2002.

① 第二版书名改为《数学史概论》——出版者注.

在其他数学史书也是难以见到的.

由于时间，本人未能将全书仔细拜读. 作为翻阅本书的初步认识，我认为此书可作为置诸案头随时翻阅的精品书籍之一. 不论是专业的数学家，还是数学的业余爱好者，甚至是其他领域的非数学工作者，翻阅此书都会开卷有益并感到乐趣.

《数学的魅力》序*

江泽民同志在为《院士科普体系》所作序言中曾指出，科教兴国，全社会都应参与，科教人士更应在全社会带头弘扬科学精神，传播科学思想，提倡科学方法和普及科学知识．科学的创新和科学的普及是发展科学相辅相成的两个方面，后者是一种基本建设，有赖于科普著作的写作与出版．这事说来容易其实却极其困难，影响后世的科研名著不胜其多，但传世的科普著作却几乎绝无仅有，即是很好的说明．

科普写作之所以困难，是由于对写作者具有特殊的很高要求．首先，写作者必须对所须普及的科学知识有深刻的认识；其次对该门科学的历史发展过程也有深刻的理解．此外还需有很高的文学修养与写作水平，善于用通俗易解的笔墨来表达深奥的科学道理．正是由于这样的多面手不可多得，优秀的科普著作也就不易产生了．

但是在数学科普写作方面，特别是中国的数学史方面，沈康身教授可以说具备了以上的这些特殊要求．

沈康身教授曾将中国数学的古典名著《九章算术》译成英文．由于他对世界数学发展的渊博知识，还就这本书的内容与世界各地区的历代成果进行了比较与评论．此书的英文名称为 *The Nine Chapters on the Mathematical Art*，并附 Companion and Commentary，于 1999 年由 Oxford 大学出版社与科学出版社联合出版，对国外颇具影响．

现在，沈康身教授又用中文写成了《数学的魅力》一书，用深入浅出、生动活泼的笔墨揭出数学的无穷魅力，反映出数学的抽象美、协调美与精确美．这将使广大青少年学生不仅学到许多课本上没有的知识，更将促使他们掌握灵活巧妙的思维方法，培养科学探索精神．特别是此书着意于比较中西各自长处，由此宣扬中算之善，尤为不可多得．

此书是一巨著，总共有四册，将在近期内陆续出版．我们期望看到《魅力》的不断涌现，并祝贺它的巨大成功.

---

* 本文摘自《数学的魅力》(沈康身)．上海辞书出版社，2004．

计算机时代的脑力劳动机械化与科学技术现代化 *

  计算机发明、人类进入计算机时代以后,脑力劳动的机械化具有了某种程度的现实可行性. 除了上面所说的种种成就外,另一项有着重大意义的成就是在上世纪 50 年代人工智能这一新学科门类的诞生.

  所谓人工智能,意指人类的各种脑力劳动,或智能行为,诸如判断、推理、证明、识别、感知、理解、通信、设计、思考、规划、学习和问题求解等思维活动,可用某种智能化的机器来予以人工的实现 (见本书页 2 定义 1.3). 诸如机器编译、机器诊断、机器推理、机器下棋以及各种专家系统,在上世纪 60 年代后,都不断出现,并有相应的软件与器件问世. 特别是世界国际象棋冠军卡斯波洛夫与计算机的人机大战,曾引起轰动.

  2003 年 11 月,在广州召开了全国人工智能大会的第 10 届全国学术年会,笔者有幸参加. 在会议期间,参观了广州工业大学举办的一次机器人的足球比赛. 目前,具有某种智能行为的各种机器蛇、机器人等等已频繁出现. 总之,人工智能已成为一个受到广泛重视与认可并有广阔应用潜能的庞大学科. 另一面,又由于学科所牵涉到的许多概念与方法的不确定性,引发了学科内部的许多争论. 总之,关于人工智能的方方面面,读者包括笔者在内,可从本书获得充分的了解.

  在脑力劳动的机械化中,数学家们起了特殊的作用. 计算机的发明与发展过程中,数学家如 J.von Neumann, A.Turing, K.Gödel 等都有着特殊的贡献. 对于脑力劳动机械化的认识,前面已提到过 Descartes 与 Leibniz 的思想影响与实际作为. 这两位既是思想家又是数学家. 此外在前面提到过的许多人物,大多也是数学家. 这绝不是因为笔者本人是数学工作者对数学情有独钟而有意提到那些数学家. 事实上此事绝非偶然,而是有着深层次的原因,使得数学家们自然而然地要在脑力劳动机械化的伟大事业中扮演重要的角色. 首先,数学研究现实世界中的数与形. 由于数与形无处不在,因而数学也就通过数与形渗透到形形色色几乎所有的不同领域,成为具有最广泛的基础性的学门. 这说明了数学在各种脑力劳动的机械化中,显得更为迫切,而应享有机械化的最高优先权. 其次,数学作为一种典型的脑力劳动,它与前面人工智能中所提到的各种智能型脑力劳动相较,具有表达严密精确,且又极其简明等特点. 因而在各种脑力劳动的机械化中,理应更为容易取得突破. Tanski, Appel-Haken, 王浩先生等人的工作,以及笔者本人在上世纪 70 年代以来在

---

 * 本文系吴文俊院士 2004 年 3 月为蔡自兴、徐光祐编著的《人工智能及其应用 (第三版)》所作的代序一文,文中所提到的"本书"即是此书,2004 年 8 月由清华大学出版社出版.

几何定理证明方面所做的工作,足可说明易于突破之说绝非妄言.

人们在中学时代的学习中,都熟知几何定理证明的一般方式. 一个几何定理包含假设与结论两部分. 为了证明这一定理,需要从假设这一叙述出发,根据某些已给公理或是某些已经证明过的定理,得出另一个叙述. 然后再据某些已给的公理,或是某些已经证明过的定理,得出又一个新的叙述. 如此逐次进行,如果到某一步所得的叙述恰好是原来已给的结论,定理就算是获得了证明. 在证明的过程中,每一步已给公理或已证定理的选择,漫无依据可言. 总之定理的这种证明方式,与机械化毫无共同之处,而是极端非机械化的. 它是一种超高强度的脑力劳动.

然而,笔者在上世纪 70 年代有幸学习中国古代的数学,开始发现中国古代的传统数学遵循了一条与源自古希腊的现代所谓公理化数学完全不相同的途径,它与源于古希腊的所谓演绎体系相反而无共同之处. 简言之,中国的古代数学是高度机械化的,它使数学研究这种脑力劳动的强度大大减轻,这具体表现在几何定理的证明上面. 试说明如下.

源于古希腊的现代公理化数学体系主要内容是证定理,它的成果往往以定理的形式出现. 与之相反,中国古代的传统数学根本不考虑定理的证明,根本没有公理、定理与证明这样的概念,自然也没有什么演绎体系. 中国的古代数学重视的是解决问题,而考虑的问题主要来自客观实际,虽然也有例外. 由于问题的原始数据与所求的结果数据总是用某种类型现代所谓方程的形式联系起来,而多项式方程是这种最根本也是最自然的形式,因而解多项式方程(组)的问题自然成为我国古代数学几千年研究与发展的核心. 这一发展到元代 (1271—1368) 朱世杰时达到了顶峰. 朱世杰在所著《四元玉鉴》(1303) 一书中给出了解任意多项式方程组的思想路线与具体的方法过程,朱所提出的思想路线与方法过程在原则上应该说是完满无缺的. 尤其应该指出的是: 中国古代在解决问题时,结果数据往往用原始数据的某种公式的形式表示出来,这可以认为是某种形式的"定理". 因之中国古代的方程解法,实质上也已隐含了至少是某种形式的定理证明. 事实上,朱在他的著作中已经指出了这一点,且已具体使用在某些著名的问题上. 下面将再作具体说明.

笔者由于学习中国古代数学史而得到启发,在 1976 年冬季进行用机械化方法证明几何定理的尝试. 首先是引进适当坐标,在通常的情况下,定理的假设与结论将各转化为一个多项式方程组与一个多项式方程. 于是定理变成一个纯代数的问题: 如何从相当于假设的多项式组得出相当于终结的多项式. 从朱世杰的著作得知有一机械化的算法,可从杂乱无章的假设多项式得到另一颇有条理的有序多项式组,由此即容易验证是否可导出终结多项式来. 循此途径笔者对某些已知定理进行相应的计算验证. 但出乎意外的是其间总是会遇到一些不合理的意外情况. 经过几个月的反复计算与深入思考,才发现了问题的症结所在,终于在 1977 年春节期间获得了恰当的证明几何定理的机械化方法. 此后的许多年间,即致力于置备适当的计算机使这一定理证明方法得以在机器上实现. 在此期间曾得王浩先生的许多鼓励与协作, 特别是当时留美的周咸青先生, 利用美国的良好设备, 在计算机上用上述方法证明甚至发现了几百条艰深的几何定理, 每条定理的证明所需时间以微秒计. 这成为周在美获得博士学位的主要内容, 并已写成专著于 1988 年在国外出版. 这说明王浩先生预测有一新学门"将在不远的将来导致用机器来证明艰难的新定理", 事实上已经实现.

笔者在机器证明几何定理上取得了成功. 按前面笔者曾说过: 数学作为一种典型的脑力劳动, 在各种脑力劳动中, 它的机械化应最为迫切而有最大的优先权. 又说过: 数学的机械化较之其他脑力劳动的机械化, 应更易取得成功. 几何定理机器证明的成功足见笔者所言非虚.

在几何定理机器证明取得成功之后的二十多年来, 笔者与许多志同道合的同志们在科技部、科学院、基金委等大力支持下, 开展了一场可谓"数学机械化"的"运动", 它在理论与应用诸多方面都已取得了若干成功. 但总的说来还只能说是刚开始起步, 漫长而更为艰难的路程正等着我们.

需要郑重指出的是: 我们工作的起点来自于对中国古代数学的认识, 这是有深刻的道理的. 中国古代数学以解多项式方程 (组) 为其主要目标, 解方程的方法以依据确定步骤逐步机械地来进行. 这种机械进程在我国经典著作中通称为"术", 相当于现代词条中的"算法". 如果有一台计算机, 即可依据"术"编成程序, 将原始数据输入后, 即可机械地进行计算以解所设的方程. 这种机械进行的"术"贯穿在中国古代的数学经典之中. 因之中国的古代数学是一种算法型数学, 或即是一门适合于现代计算机的"机械化"数学.

不仅如此而已. 中国不仅具有作为典型脑力劳动的数学机械化的合适的土壤, 而且也是各种脑力劳动机械化的沃土.

原因是, 古代的中国是脑力劳动机械化的故乡, 也是脑力劳动机械化的发源地, 它有着为发展脑力劳动机械化所需的坚实基础、有效手段与丰富经验.

我们都知道 0 与 1 的二进位制对于计算机的关键作用. 虽然中国未真正进入到二进制, 但完善的十进位位值制则早已在中国的远古做出了典范. 这一十进位位值制通过印度、阿拉伯传入西方后, 曾被西方的科学家誉为亘古以来最伟大的一项发明创造. 仿制为位值制二进制后, 成为制造计算机以至脑力劳动机械化的不可或缺的组成部分. 追本溯源, 应该归之于中国古代位值制十进制的创造. 至于西方往往把这一创造归之于印度, 自然是一种历史性的错误, 是张冠李戴.

其次, 在作为典型脑力劳动的数学方面, 有过许多重大的大幅度减轻脑力劳动强度的特殊成就. 除有关定理证明者外, 还试举数例如下.

中国古代的十进位位值制, 不仅可以使不论多大的整数有简明的表达形式, 而且加、减、乘、除以至分数运算甚至开方都可变得轻而易举, 因而大大减轻了计算中脑力劳动的强度. 这是位值制被西方有识之士誉为最伟大创造的根本原因, 此其一.

解放前我国的小学六年级或初中一年级往往要花整整一年的时间, 学习各种四则难题的解法, 这是一种极度非机械化的超高强度脑力劳动. 但至少早在公元前二世纪时, 我国就创造了解线性联立方程组的各种消去算法, 它使解四则难题变得轻而易举. 这些算法已被吸收入了初中代数教科书中, 使年轻学子解除了不必要的脑力负担. 这是用机械化的方法大幅度减轻脑力劳动强度的又一实例, 而这一实例来自古代中国.

解方程必须先列出方程. 但列方程并无成法. 事实上这是一个难题, 它无必然的途径可以遵循, 也就是高度非机械化的. 但中国在宋元时代, 在过去已引进了的整数、分数或有理数、正负数以及小数、无理数、实数之外, 又引进了一种新型的数, 称之为天元、地元等, 相当于现代的未知数. 这种天元、地元等可以作为通常的数那样进行各种运算, 由此产生了与现代多项式与有理函数等相当的概念及其运算方法, 成为现代代数与代数几何的先驱. 不仅如此, 天元、地元等的引入, 使列方程这种非机械化的脑力劳动, 从此变为容易得多的接近于机械化的脑力劳动. 这是中国古代脑力劳动机械化的又一实例.

以上是笔者认为古代中国是脑力劳动机械化的故乡与发源地的一些理由, 是否言之过当, 甚至有浮夸之嫌, 愿各家学者有以教之.

科学技术是第一生产力, 科技兴国, 在四个现代化中, 科学技术的现代化具有特殊的关键地位. 而科学技术的现代化, 是与脑力劳动的机械化密不可分的. 宋健同志曾作对联说: "智能能则国能, 科技强则国强", 把智能与科技并列, 可谓一语道出了真谛.

自然, 我们真正的意图绝不在于口舌之争, 在字面上夸夸其谈. 真正应该做的事是实干巧干, 借计算机时代来临的大好契机, 率先在全世界推行脑力劳动机械化, 以具体成就和我们的成功来向世人表明我们的主张.

对《鲁滨逊———非标准分析创始人》一书的感想
(中译本序)*

鲁滨逊 (A.Robinson) 是 20 世纪数学史上的一位奇人. 他的工作涉及应用数学与数理逻辑看来完全不相干的两个方面. 特别是他创造的奠基于数理逻辑的非标准分析, 使流行于 17 世纪而于 19 世纪下半世纪被逐出数学门外的无穷小概念, 恢复了合法地位并被赋予了强大的生命力, 震惊了整个数学界, 构成了数学上的一首英雄史诗.《鲁滨逊传》的作者道本周 (J.W.Dauben) 先生, 是美国的著名科学史家, 曾经写过集合论创始人康托尔 (G.Cantor) 的传记. 康托尔以在数学中引进"无穷大"(更准确地说是"无穷多") 集合的概念与理论而引起数学上的一场革命. 鲁滨逊的无穷小理论与康托尔的无穷多理论正好是数学中涉及"无穷"这一微妙概念的两个不同方面. 道本周先生写过康托尔传记且是鲁滨逊家人的密友, 因此由他来写鲁滨逊的传记, 记述鲁滨逊的生平事迹与学术生涯, 特别是非标准分析的创造经历, 是再合适不过的了.

我第一次接触鲁滨逊的非标准分析, 是在"文化大革命"的后期, 可能是在 1974 年前后. 那时"文革"正处于一个间隙时期, 中国科学院数学研究所相对平静, 学术工作也部分恢复, 可以考虑数学问题了. 当时在数学上出现一些新兴方向, 其一是法国拓扑学家托姆 (R.Thom) 的结构稳定性理论, 其二是美国控制论专家扎德 (L.A.Zadel) 的模糊数学, 其三是鲁滨逊的非标准分析. 对于数学研究所过去从事拓扑学研究的同志们来说, 托姆是奇点理论创始人之一, 而且拓扑组同仁曾在奇点理论方向工作过一段时间, 因此对奠基于奇点理论的结构稳定性理论有所偏爱是理所当然的. 由于扎德的理论对原始数据不是作为一个单独的数来考虑, 而是作为一个区间的数加权的集合, 比较切合实际情况, 这对于从事数学应用特别是控制论的同志们自然有着很大的吸引力, 受到他们的重视也是理所当然的.

至于我自己, 则浏览了鲁滨逊写的某些论著, 特别是刊物上登载的某些通俗介绍, 这些介绍对欧拉当时极为荒谬的若干论断给出了生动而合理的解释, 这使我大为震撼. 我记得当时曾提出过这样的看法: 非标准分析才是真正的标准分析.

在这期间我还学习了一些中国古代数学史以及有关计算机的初步知识. 由于中国古代数学的启发, 发现了初等几何定理的机器证明方法, 并进而提出数学机械化的设想. 此后 20 多年, 一直为开展数学机械化研究与建立相应体系而忙碌, 无暇

---

* 本文摘自《鲁滨逊——非标准分析创始人》((美) 道本周著, 王前等译). 科学出版社, 2004.

他顾.

在此期间, 非标准分析得到了许多国家数学家的关注. 特别值得一提的是: 我在法国留学学习数学时期同一导师的师兄, 斯特拉斯堡大学教授瑞布 (G.Reeb) 先生, 提倡非标准分析不遗余力, 并开创了一套关于微分方程有极小领导系数时的非标准理论, 在法国数学界引起很大的争论. 我们数学所的李邦河同志, 用非标准分析研讨施瓦茨 (L.Schwarz) 分布理论有关广义函数的乘积难题, 得出了重要成果. 各国数学家还写出了不少用非标准分析的微积分教科书, 在教学中做试验. 而我则因其他工作而只能搁置一边.

本书译者是大连理工大学的王前同志, 我与他并不相稔. 月前王前同志忽然写信给我, 并赠以译文的光盘与打印稿, 请我作序. 这触发了我对非标准分析的旧日情怀, 因而乐于为之. 为此, 除译稿外我又重新翻阅了一些有关著作, 发现在鲁滨逊所著《非标准分析》1974 年第二版的新增序言中, 重复了当时流行的看法, 即凡是用非标准分析证明的结果, 都可用标准分析的方法来证明, 因而对于任一数学学门, 究竟是采用非标准分析还是采用标准分析的方法, 只是一种爱好与选择的问题, 只与数学家本人过去的训练有关, 而不是什么原则性的问题. 但鲁滨逊又引述了数理逻辑大师哥德尔 (K.Gödel) 与鲁滨逊本人于 1973 年在普林斯顿高等研究院会面时的一段对话, 鉴于其意义重大, 现全文照译如下 (重点为本人所加):

"我乐于指出鲁滨逊教授没有明白说出的一件事实, 它在我看来是很重要的. 这一重要事实是: 非标准分析往往在实质上简化了证明, 不仅对初等的定理是如此, 对深刻的结果也是如此. 诚然, 举例言之, 对于紧致算子不变子空间的存在证明, 即使不算结果的改进, 也是这样的, 甚至在更高层次的其他情形也是如此. 这种情况应有利于阻止通常对非标准分析的误解, 即认为它只不过是数理逻辑家们的某种夸张或时尚而已. 这自然远不是真正的情况. 事实上有着充分的理由, 可以相信非标准分析, 不管是用这样或那样的形式, 都将是未来的分析.

理由之一是上面已经提到过的证明的简化, 因为简化有利于发现. 另有一个更有说服力的理由如下: 算术开始于整数, 由于引入有理数、负数、无理数而逐步扩张. 但在引入实数后下一个颇为自然的步骤, 即无穷小数的引入, 却被简单地停滞不前, 我认为在以后的世纪中, 对于数学在历史上居然要在微分算法 (differential calculus) 发明 300 年之后才发展起无穷小的正确理论来, 必将深感诧异. 我倾向于相信这一奇事可与在同一时间跨度中出现的另一奇事相提并论, 即是像所谓费马问题, 它可以用初等算术中十个符号表达清楚, 但却在问题提出 300 年之后还没有解决. 也许以上提到的那种失落应该归罪于这样的事实, 即比之于抽象数学的蓬勃发展, 具体数值问题的解决是远远地落后了. "

哥德尔的这段议论使我回想起过去的看法: 非标准分析才是真正标准的分析. 两相对照, 两者的看法何其相似乃尔, 真可谓所见略同. 所不同的是, 我只是凭直觉,依赖于我过去的研究经历与经验, 而哥德尔则是作为一位卓越的数理逻辑学家, 是有着深刻的理论根据的.

其次, 哥德尔议论中所透露出来的对数学的某种看法, 也使我深有同感. 一是说证明的简化有利于新的发现, 二是抱怨数学的发展过于倾向于抽象形式而忽视了具体数值问题的解决. 这一意见事实上对鲁滨逊既是技术性很强的应用数学家又是富有抽象思维的数理逻辑学家合二为一的奇怪现象给出了一个回答. 在本书第七章关于应用数学这一段的最后一句话是: 对逻辑学家来说, 现实的世界才是数学的世界. 这就是一个很好的说明.

但是, 最使我感到兴趣并为之兴奋不已的乃是数从整数到实数的不断扩充但到无穷小数却戛然而止的那一段议论. 在西方 (主要是西欧), 由于欧几里得《几何原本》中有形无数处理不当, 在古希腊时代就曾引起过第一次数学危机, 在 18 世纪时又引起了第二次数学危机. 几经曲折, 直至 19 世纪下半叶, 由魏尔斯特拉斯、戴德金、康托尔等以不同的方式引进了实数概念, 才度过了第二次危机. 但在中国古代, 则因形数结合且由于位值进位制的整数表达方式, 从整数逐步扩充为分数、正负数、小数以至不尽小数即实数颇为自然, 从未出现过什么危机. 中西对照, 是颇为耐人寻味值得深思的. 有关详细情况, 不妨参阅拙作《中国古算与实数系统》一文. 此文将在上海科技出版社出版的《科学》双月刊上发表, 不久问世.

不仅如此, 在传世经典《九章算术》与刘徽《九章注》中, 还早已出现了不尽小数的概念与某种处理方式. 例如, 在刘徽关于开平、立方的开方术注中, 即多次提到微数, 并说微数可忽略不计 ("不足言之也"). 刘徽所说微数, 实际上即是现代所称的无穷小数. 此外《九章算术》第一章中圆田术说, "半周半径得积步", 即圆的面积等于圆的周长之半与圆的半径的乘积. 刘徽注的解释是: 做圆的内接 n 边正多边形, 则多边形的面积是 n 个三角形面积之和, 每一三角形的面积是正多边形边长之半与圆半径的乘积. 如果将正多边形的边数逐次加倍, 则最后正多边形将与圆重合 ("合体"), 所得边数无穷的正多边形的面积也就是圆的面积. 因之如果把边数趋于无穷, 则圆的面积即是无穷多个无穷小三角形面积之和, 也就是无穷多个小三角形底边长之和即圆周长之半与圆半径之积. 这一思维推断的过程, 实质上是与 17 世纪时莱布尼茨 (Leibniz) 关于积分作为无穷多个无穷小矩形之和的处理方式是颇相一致的.

《九章算术》与刘徽《九章注》中有关不尽小数的部分, 在后世有所发展, 特别是南北朝祖冲之、祖暅父子解决球体积的问题时, 建立了 "幂势既同, 则积不容异" 这一祖暅原理或刘祖原理. 这一原理在《九章算术》的商功章中被应用于求圆堆垛、圆亭、圆锥等立体的体积. 为此须与已知体积的方堆垛、方亭、方锥等通过等高截面的比较而得. 估计在比较中须考虑这些立体为由无穷多个无穷薄的薄片所构成. 由此即得出相应的祖暅原理, 只是在《九章算术》中并没有把它表达成明确的术文而已. 估计祖冲之父子在他们的有关著作中, 会有较详细的论述. 遗憾的是他们的著作早已失传, 无从查考. 我们不能妄加臆断, 只能姑妄言之.

祖暅原理, 以另一种形式, 重见于 17 世纪卡瓦列里 (Cavalieri) 的著作, 为微积分的发明开其先河. 比较中西数学的发展历史, 感慨颇多. 对于非标准分析, 不论看作是真正的标准分析, 还是看作将来真正的分析, 若能得数学界同仁们的关注, 我将感到十分欣慰.

《东方科学文化的复兴》出版贺词 (代序)*

朱清时与姜岩合著的《东方科学文化的复兴》一书即将出版,这是中国学术界振奋人心的一件大事,必将引起广泛关注并引发重重波澜,为此笔者感到无比欣慰.

著者之一朱清时是中国科学院化学学部院士,现任中国科学技术大学校长. 另一位姜岩是新华通讯社记者与中央电视台特邀主持人. 朱除在本身专业方面有特殊贡献外,对主持中国科大方面也做出了巨大成绩,科大在朱的主持领导之下,短短几年,人才辈出,成为国际上有数名校之一,朱还在全国多处办了不少分校. 朱本人对世界科技的发展历史有独到的见解,在科大还成立了一个有独特风格的科技史系. 姜则曾多年任新华社驻伦敦的科技记者,多次采访李约瑟研究所,因而对李约瑟为中国科技史研究所做出的贡献有切身体会. 姜还编写过许多有关科技史特别是中国科技方面的著作,如《千年挑战》《知识经济发展战略》,等等.

姜岩作为朱清时在科技史专业的开门弟子,在朱的指导下完成了博士论文,论文题目是"东方科学与文明的复兴",它是本书的前身. 事实上朱姜二人对东方科学有类似的认识与信念,他们的合作是很自然的,且已有多年. 例如,两人曾合作拍摄中央电视台《科学史上的伟大瞬间》系列电视专题片. 本书可视为两人合作的一个总结.

本书所提出的东方科学文化及其复兴问题,似乎是两位作者多年来一直关心的问题,但本书写作的直接动机,则似乎是由于"李约瑟难题"所触发. "李约瑟难题"有多种不同形式的说法,依据姜岩在《北京日报》2003 年 3 月 19 日的《破解"李约瑟难题"》一文的说法乃是:"尽管中国古代对人类科技发展做出了很多重要贡献,但为什么科学和工业革命没有在近代的中国发生?"

为了理解并尝试回答这一难题,回顾一下近现代中国科技的发展情况应该是值得的,也是必需的.

中国是有悠久历史的文明古国. 自秦始皇统一六国,建立强大的中央封建统治以来,尽管不时改朝换代,但其文明与文化程度始终远远超过周边的地区与民族. 这使历代的封建统治者自帝王以至官吏儒生狂妄自大,以天朝自居而以蛮夷蔑视四方. 像已为人们所公认的那样,在公元 12 世纪以前的一千多年期间,中国的科学技术远远超过当时处于黑暗时期的欧洲,但通过宗教改革、文艺复兴、工业革命等种种改革,到十六七世纪明末清初西方传教士来华时,西方的科学技术已经远远超过

＊本文摘自《东方科学文化的复兴》(朱清时,姜岩著). 北京科学技术出版社,2004.

了中国，但朝廷上下仍不自知，充其量只是视为奇技淫巧，清初康熙虽然对西方传入的西学有浓厚兴趣，甚至亲自学习，但最后的结论却是"西学东渐"。我国席泽宗院士曾经指出，俄罗斯的彼得大帝、法兰西的路易十四，与康熙大体上属于同一时期，三位君主都热心科学，但俄法从此在科学上蓬勃兴起，而中国却奄无声息。席院士的意见耐人寻味，值得深思。

2000 年出版的《自然科学史研究》第 19 卷第 10 期中，登载了席泽宗院士《论康熙科学政策的失误》一文。文中指出，康熙学习科学，有着隐蔽的动机与目的。首先是作为满族要对蒙汉异族进行统治，因而"康熙把传教士当作自己家里人并要求他们对汉人和蒙人进行防范"。此外，"'断人之是非'既是康熙学习科学的出发点，也是目的"。康熙"并不是发展科学，而是一种'利用'，用来炫耀自己，批判别人"。席院士根据康熙科学政策的种种失误，以及"西学中源"说的断言，得出结论说："按照明末发展的趋势，中国传统科学已经复苏并有可能转变为近代科学。"虽然清军入关与残酷战争中断了这一进程，但到了康熙时期，全国已经稳定，传教士的来华"是送上门来的一个机遇，使中国在科学上与欧洲近似于'同步起跑'，然而由于政策失误，他（康熙）把这个机会失去了"。

我基本上赞成席院士对康熙的指摘。但我也认为，平心而论，康熙对西方科技的爱好与热衷至少在客观上对中国的科技发展还是起了一定的推动作用。

其一是引起了某些学者对中西学术的比较研究。例如在数学上梅文鼎（1633—1721）提出应不分中西"技取其长而理惟其是"，"法有可采何论东西"，"去中西之见，以平心观理"，"务集众长以观其会通，毋拘名相而取其精粹"。在天文方面，则有王锡阐（1628—1682）等，提出"考正古法之源，而存其是，择取西说之长，而去其短"，等等。

其二是引起了钻研中国传世经典并用西法阐释之风，例如在数学，学者尝试用欧几里得几何方法来证明已失传的魏晋时代《海岛算经》诸术即属此类。一个意想不到的结果则是元代朱世杰的重要著作《算学启蒙》(1299) 与《四元玉鉴》(1303)，二者在中国本土早已失传，却在朝鲜地区重新发现。顺便一提，《四元玉鉴》中的数学方法，对于我国数学上近年来的某些受到国际重视的研究起了决定性的作用。

其三是促进了对科学技术的重视与研究。例如郑复光（1780—?）、邹伯奇（1819—1869）之于光学，徐寿（1818—1884）之于化学。至于天文与数学则更是人才众多，例见阮元（1764—1849）在 1799 年所编写的《畴人传》。但总的说来，这些研究与西方学术的一日千里者相比，已微不足道。就数学而论，诚如数学史家钱宝琮先生（1892—1974）在所编《中国数学史》一书中所说，尽管有"许多卓越成就，从其具体的数学成果讲来，大都较西欧数学的同样成果迟了一百余年"！事实上，这些成果对数学的进展可谓无足轻重。至于科学的其他领域，看来情况也是如此。

康熙西学东传之说，对中国吸收外来已经先进的科技起了阻碍作用，确是罪责难逃. 但康熙所言, 看来也并非极端武断, 而不无有些依据, 试言之如下.

在康熙近两百年之后的晚清时期, 数学家李善兰介绍与宣扬西方数学不遗余力. 但在李的著作中, 即曾说过: "西法之理, 即立天元一之理也", 又说: "中法之四元即西法之代数也……法虽殊理无异也", 说明李善兰已经窥见中西数学某些形异而实同之处. 按天元术是中国宋元时期数学上的重大创造, 其实质是几何的代数化, 为坐标几何 (即 Descartes 的解析几何) 的前身. 天元术还引进了近世所谓多项式与有理函数的表达形式与运算法则, 至元代更发展为前面已提到过的朱世杰的四元术, 提出了解多项式联立方程组的一般途径与方法. 几何的代数化与解多项式方程组是笔者近年来数学机械化研究的核心部分, 主要是受到了中国古算天元术与四元术的启发. 因之笔者对李善兰所言感触特深.

如上所述, 笔者认为李善兰之言是合乎情理的, 甚至可以说是完全正确的, 只是中法当时用的是算筹表达形式, 而传入的西法则已用上了接近于现代的书写形式而已. 实同而形异, 可以瞒过一般学者, 但瞒不过高水平的李善兰!

至于形异而实同的这些发明发现, 究竟是东西方各自独立发展还是互相传播, 是东算西传还是西算东传, 我们决不能妄加臆测, 更不能像康熙那样随意武断, 而应有事实依据来做出正确的答案.

按公元前后的两千多年间, 东西方通过陆上与海上的丝绸之路交流频繁, 在学术上, 通过官方与民间而有所来往, 应该是很自然的. 我国往往自夸为天下之中, 但从学术交流来说, 中亚的古波斯地区 (包括巴格达等地区) 才应该是天下之中. 它是西方的古希腊文化、东方的古中国与古印度文化, 各种思想学术的交汇之地, 在这一地区留下不少东西方文化互相汇通的遗迹与遗物, 应该是合情合理的推断.

公元 7 世纪时, 伊斯兰教兴起, 统治了中亚地区, 建立了强大的阿拉伯帝国, 不仅把势力扩展到东欧, 还沿着地中海沿岸西扩至西班牙. 公元 9 世纪时, 在当时统治者的领导下, 将大量古希腊的书籍编译成阿拉伯文并由此将古希腊的科学文化向东西方广为传播. 例如, 穆斯林天文历算家扎玛鲁丁就曾服务于元世祖忽必烈, 扎带来了大批回文书籍与阿拉伯天文仪器, 元还为扎设置了回回天文台. 欧几里得的《几何原本》, 在此时传入元廷, 虽无实证, 但不无可能, 郭守敬是否受影响也是不无可能的.

另外一面, 在 9 世纪以前, 古波斯地区与东方的交往似乎是主要的. 例如, 中国独到的十进制位值制记数法曾通过印度的数码记法而传入阿拉伯世界, 再西传欧洲, 被西方推崇为最伟大的创造之一. 又如中国正负数及其运算法则同样也通过印度传入阿拉伯, 再西传欧洲, 这些都有书可稽. 此外小数是中国 3 世纪时的创造, 在宋时已广为通行, 到 16 世纪时小数又在欧洲出现, 虽无确定的传播实证, 但也是通过类似的途径而传入欧洲, 应该是一个不无合理的推测.

东方向西方的传播, 至少在数学方面应不仅限于上述. 例如, 中国数学的传统经典著作《九章算术》曾被德国的 Vogel 译成德文, 译本的序言中说: "好多欧洲中世纪的算术教科书中的算题都可以在《九章算术》中找到. " 此外, 意大利的斐波那契 (Leonardo Fibonacci, 1175—1250) 受过良好教育, 曾游学四方, 于 1202 年写成《算经》(*Liber Abaci*) 一书, 是一部有 15 章与一个序言的皇皇巨著, 其拉丁文本有 620 页之多, 据美国数学史家 Karpinski 所著 *The History of Arithmetic* 一书所说: "Fibonacci 巨著中所出现的许多算术问题, 其东方源泉不容否认. 不只是问题的类型与早期中国及印度相同, 有时甚至所用的数字也相同. 因此东方根源是显然的. "《算经》第十三章标题是契丹算法 (elchataym) 与如何解决几乎所有的数学问题. 按我国宋时东辽为金所灭, 西迁而成西辽即所谓契丹, 契丹往往被认为即是中国, 因而契丹算法实质上有可能即是中国算法. 说《算经》包含了东方数学如何传入西方的谜底, 似乎也非妄测之辞. 总之《算经》一书影响巨大, 对欧洲是中世纪漫长的黑暗时期后数学复兴的起点, 这说法似非过分.

阿拉伯世界对学术发展有巨大影响的学者, 无疑当首推花拉子米 (约 783—约 850), 其全名为 al-Khwarizmi, Abu Ja'far Muhemmud Ibn Musa. 据说他出生于今乌兹别克斯坦的花拉子模, 因而以出生地为名. 花拉子米科学研究范围广泛, 据知有数学著作 2, 天文著作 6, 历史学与地理学各 1, 但均无传本. 最重要的是数学方面的两部传世之作. 其一是《印度算术书》(*Algoritmi De Numero Indorum*), 另一是《代数学》(*Ilm Al-Jabr Wa'l Muqabalah*). 前者被认为是以印度数码表示的十进位值制记数及其运算方法传入欧洲的开端, 后者则讨论一二次方程的解法, 被西方认为是代数学的创始. 前者书名第一词 algoritmi 原指花拉子米的姓名, 后来却误解为意指计算, 并演变为当代的 "algorithm", 即算法. 后者 al-jabr 原意为 "还原", 相当于解方程时的移项, muqabalah 原意为 "对消", 相当于解方程时的化简与合并同类项, 因之书名应直译为 "还原与对消的科学", 但后来 al-jabr 演变为 algebra, 即现代所称的代数学, 这是西方奉花拉子米为代数学鼻祖的由来.

两书都无原稿传世, 只有后来的拉丁文或其他译本, 特别是《印度算术书》的现存译本极为错乱, 至于《代数学》, 则有美国数学史家 Karpinski 的拉丁文与英译的对照本, 较为完整可读.

笔者曾在北京图书馆 (现国家图书馆) 借阅过 Karpinski 的拉丁文与英文的对照译本. 笔者认为, 此书的整个风格与古希腊的数学传统显然并无渊源, 即使从它的几何处理方式来说, 也难看出与欧几里得《几何原本》有什么共同之处, 但与中国的古代几何相较, 则与我国古时几何问题中常用的切割术或所谓出入相补方法不无类似之处, 可以说有着相同的风格, 试看斐波那契《算经》一书的第十五章, 其标题为 "适切的几何方法以及如何用于还原与对消 (al-jabr wa'l muqabalah) 问题", 也即是解方程问题. 按我国的古代几何, 其处理的基本方法乃是先将几何问题代数化, 再转变为方程问题来处理或求解, 以上的感受使笔者产生不少疑窦, 在此顺便提出,以就教于有识之士,期待着将来能得到澄清.显然,了解一下花拉子米的身世业绩是有意义的.

按李约瑟的《中国科学技术史》,在第三卷第十九章第十节"数学的影响和交流"中,曾提到过花拉子米出使可萨国家之事,在该书第五卷"地学"之末又添加了一个附录:"关于希伯来人和可萨",对此有较详的解释.

据该附录,可萨王国位于高加索以北,包括顿河、伏尔加河下游以及克里米亚向西伸展的地区,在东西方贸易通道上占有重要地位,参阅所附取自李约瑟一书的中国与西方之间的商路图.其中陆上丝绸之路的北线,西止于亚速海顿河口的塔那伊斯,笔者估计即是可萨王国的所在地.

据附录,可萨王国全盛时期在公元640—960年,中国人称之为可萨,其名称具见于我国的《新唐书》《通典》和《文献通考》等.附录又指出:"可萨和拜占庭有密切的贸易关系","可萨人懂得中国话,他们的宫廷都奉行中国宫廷的礼仪".对我们有特别重要意义的则是:"在公元842到847年间,派驻了可萨王国一位阿拉伯使节——伟大的代数学家花拉子米.这位代数学家可作为可萨曾在科学技术的传播上起过作用的一个例证."

笔者说过,对东西方的学术交流来说,古波斯与巴格达地区乃是天下之中.但是,我们在这方面所能得到的信息,几乎全部来自西方对阿拉伯世界著作的译文以及各种评论介绍,这些译文像《印度算术书》那样不知所云者姑不必说,即使比较严肃一些的编译也大有问题.由于语言文字的复杂与隔阂,又经过多重编译,不无掺杂译者个人有意无意的篡改而难免有失原意.试以西方奉为圣贤经典的欧几里得《几何原本》为例.《光明日报》1996年5月11日第5版上,登载了一篇席泽宗院士的文章,题为《古希腊文化与近代科学的诞生》,文中提到:"欧几里得的《几何原本》,现在用的希腊文本是1808年在梵蒂冈图书馆发现的公元10世纪的一个手抄本,无法肯定它是1400年前的原物.……除了这个版本之外,其余阿拉伯文、拉丁文译本都是根据公元4世纪末Theon的一个增订本,而这本书是没有图的.一部讲几何学的书没有图是什么样子,很难想象."因此,现在看到的《几何原本》,至少可以说来历不明,《几何原本》尚且如此,其他就不必说了.

总之,东西方学术交流的真实情况,就我本人看来还是一笔糊涂账,但古波斯与巴格达地区作为东西方学术思想交汇之地,理应留下不少这方面相互汇通的遗迹与遗物,要弄清楚东西方交流的真实面貌,期待地下发掘的实物资料是不可能的,只能根据现在还幸存的资料实物,是原著而不是译本详加分析,才有可能弄清真相.按中国古代数学有悠久的辉煌历史,至明季而衰落,经典著作也大量散失,此后中国古算几成绝学,颇有不绝如缕、苟延残喘之势.但自全国解放特别是改革开放以来,在我国数学史家李俨、钱宝琮先生及其后继者的艰苦努力下,通过对幸存

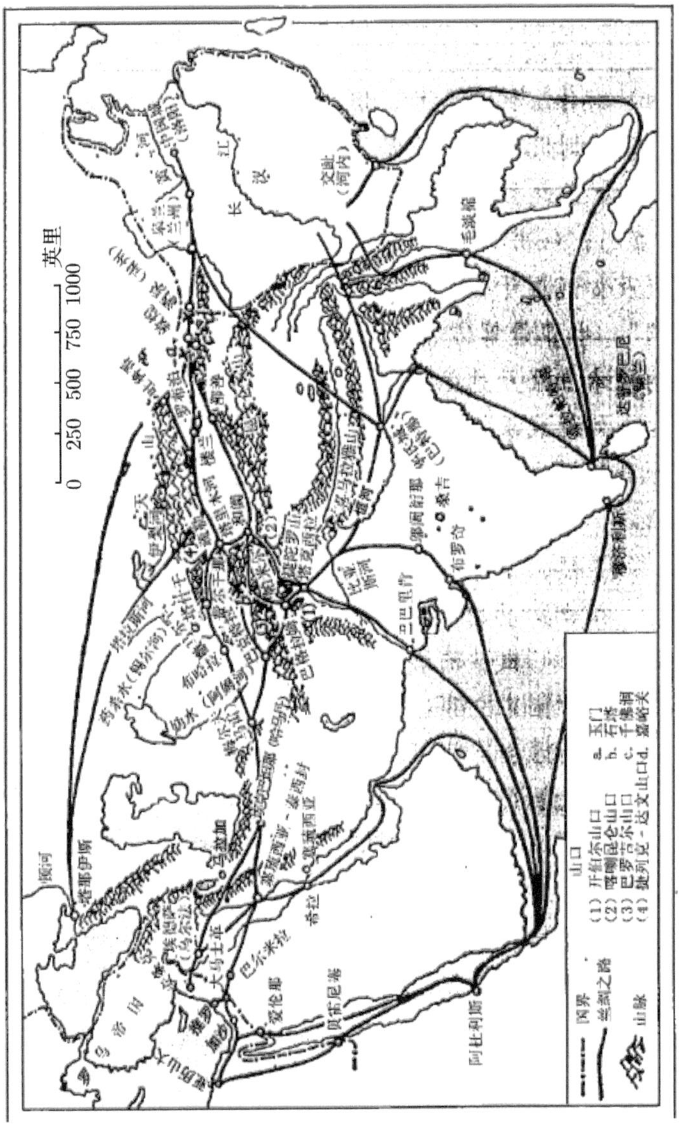

公元一二世纪以后中国与西方之间的贸易路线

根据赫德森的地图 [Hudson(1)] 绘制

(转摘自李约瑟. 导论. 见: 中国科学技术史 (第一卷). 科学出版社/上海古籍出版社, 1990)

至今的经典资料的分析, 已经大体弄清楚了中国古代传统数学的实质. 对于其发展的途径也已可谓线索分明. 中国古算在整个世界数学中的地位以及对世界数学发展的贡献与影响也已显示出一个相当清晰的轮廓. 相信对于东西方学术在中亚地区的交流情况, 在类似的努力之下, 也应该可以得到较为满意的答案.

笔者基于上面的认识与思考, 在本人所在单位的协助之下, 于 2001 年创议建立了一项数学与天文丝路基金, 目的在于通过对主要是中亚丝绸之路沿线各国现存的第一手原始资料的分析, 以冀弄清东西方学术交流的真相. 由于中亚地区通行的语言主要是阿拉伯语, 以及波斯语、梵语、希腊语、希伯来语、突厥语等, 参加这一基金项目的除某些知名的资深数学史家外, 还有两位新疆大学的少数民族的数学史专家教授. 目前各项工作已顺利开展, 前面所提到的许多内容, 有不少即是他们提供的. 两位少数民族专家, 不日还将亲自去乌兹别克斯坦等地实地调查诸如图书馆、天文台、博物馆等处的珍藏图书资料. 这自然是一项长期艰苦的工作, 需要将来几代年轻有为者来认真从事. 为此基金已物色了几位天文数学史专业的年轻同志, 鼓励他们学习阿拉伯或其他语言文字, 在将来起带头作用. 至于目前, 则工作已经启动, 且有了良好的开端, 我本人对此抱有信心.

现在回到本题, 康熙没有抓住传教士来华时机, 吸收西方已先进的科学技术, 却宣扬西学东传, 失去了赶上科技发展的良机, 罪不容辞, 但如前所述康熙也有起积极作用的一面. 康熙是一个复杂的人物, 有着复杂的身世并处于复杂的时代与环境, 如何正确评价当留待后世来盖棺论定.

康熙之后, 尤其是所谓康乾盛世之后, 一方面与西方的差距进一步扩大, 另一方面却依然狂妄自大, 丢不下天朝大国的架子, 甚至闭关锁国, 与外界隔绝, 直到 1840 年时, 英帝国主义才用鸦片烟的烟枪, 接着又用真炮真枪打开了大清帝国的大门. 此后门户洞开, 帝国主义的侵略战争接踵而来. 计有:

1840~1842 年的第一次鸦片战争;

1856~1860 年的英法第二次鸦片战争;

1883~1885 年的中法战争;

1894~1895 年的中日甲午战争;

1900 年的八国联军入侵.

一直到 1931 年至 1945 年的日军侵华战争, 其间还没有算上在中国领土上进行的 1904 年至 1905 年的日俄战争. 至于各种边疆掠夺, 割地赔款, 更不在话下.

在帝国主义列强环视中国, 中国面临被宰割瓜分的生死存亡关头, 有着悠久历史与文明传统的中华民族终于觉醒起来, 纷纷寻求自强御外之策, 特别是对西方的科学技术也采取了比较现实的态度.

林则徐 (1785—1850): 除焚烧鸦片抗击英军侵略为世所知外, 还研究"与地、象纬及经世有用之学"并具体实施于农业.

龚自珍 (1792—1841): 提倡通经致用, 主张研究"东西南北之学", 龚且曾预见英国可能侵犯, 建议加强战备, 不与妥协, 并提出"更法""改备"等主张.

魏源 (1794—1857)：同样主张通经致用，强调"变古愈尽，便民愈甚"，以及"及之而后知"，"以实事程实功，以实功程实事"等. 尤其是提出"师夷长技以制夷"，以及具体学习长技之法.

冯桂芬 (1809—1874)：主张"以中国之伦常名教为原本，辅以诸国富强之术"，以及引进西方技术以改造农业，并指出"自强之道"为"始则师而法之，继则比而齐之，终则驾而上之".

像这样的人物与言论可谓风起云涌，以上仅略举数例而已.

随着列强侵略的加剧与国家民族沦亡的日益危急，朝野上下从经世致用的所谓经世派进一步发展成所谓洋务派，开展了一场蓬蓬勃勃的洋务运动. 以镇压太平天国起家并从镇压过程中充分认识西方坚甲利兵的曾国藩、李鸿章、左宗棠等人以及清廷的奕訢成为这场洋务运动的主要人物. 洋务派继承了经世派学习西方的主张，也认识到各国通常传教所隐藏的"阳托和好之名，阴怀吞噬之计"，提出外师夷务、对内改革以谋自强自立的种种策略. 例如："自强之策，又非师远人之长以治之不可"（左宗棠）. 又如："以和好为权宜，战守为实事"，"明是和局而必阴为战备"（李鸿章）. 在整个纲领上，则可以张之洞的提法为代表. 张提出"中学强身心，西学应世事"，又说"旧学为体，西学为用，不使偏废". 这就是后世所称的"中学为体，西学为用". 至于在具体措施上，则采用西方先进武器以建军，并开矿冶炼，修建铁路，安设电线，兴办各种实业，以至延聘外国人才，设立洋学堂，派人留学，以学习并采用西方的科学技术等等，成为近代中国工业技术改革的嚆矢，并初步建立了我国自己的近代科技队伍.

洋务运动可以认为是中国近代化的起点. 但是，一方面内有清廷顽固派的各种阻挠，外有列强侵略的种种干预，更有封建制度下中国士人自身思想意识上的弱点，例如热衷于科举而无意于科学等等，在清室统治之下，发展科学技术自然是不可能的.

辛亥革命的成功与大清帝国的覆亡为中华民族的复兴与科学技术的振兴带来了曙光，然而由于内则军阀混战，外则列强环伺，从军事侵略以至抗日战争，经济与科技的发展缓慢曲折而时有倒退，直至全国解放，新中国成立，形势才得到完全的改变.

新中国于 1949 年成立不到一个月，就建立了中国科学院，集中了一批优秀的科技人才. 1956 年，又制订了发展科学的 12 年规划，制定了各项政策与具体措施，使中国的知识分子在科技上有了发挥他们聪明才智的广阔天地，在多方面取得卓越成就. 两弹一星的发射、具有活性的牛胰岛素的人工合成，即是无数成就中的某些实例.

历届中央领导还提出了科教兴国、科学技术是第一生产力、发展科技的关键是人才等等战略思想与行动纲领. 几十年来，中国已形成了一支庞大而实力雄厚的科

《东方科学文化的复兴》出版贺词（代序）

技队伍.在科技上努力赶超世界先进水平.进入21世纪时,中国不仅即将成为科技大国,而且在本世纪中也将成为科技强国.中国古代科技在世界上居于领先也是核心地位的情况,势将重见于近日.但正在此时,对于中国古代的科学技术情有独钟的李约瑟却提出了所谓李约瑟难题,无异于向兴致勃勃的国人泼了一盆冷水.

李约瑟在他的巨著《中国科学技术史》中列举了数百项由中国传向西方的科技发明与成就.但某君指出,这些发明都是技术上的,谈不上科学.例如李约瑟在《中国科学技术史》中曾说,"中国的技术发明在公元后的13个世纪中,曾不断地倾注到欧洲".某君就指出,这里李约瑟说的是"技术发明",而不是"科学技术".

科学技术往往并称科技,难以区分.为了弄清楚科学与技术的界限,笔者查阅了《辞海》的有关条目,现照录如下.

科学(《辞海》3997页)

关于自然、社会和思维的知识体系.它适应人们生产斗争和阶级斗争的需要而产生和发展,是实践经验的结晶.每一门科学通常都只是研究客观世界发展过程的某一个阶段或某一种运动形式."科学研究的区分,就是根据科学对象所具有的特殊的矛盾性.因此,对于某一现象的领域所特有的某一种矛盾的研究,就构成某一门科学的对象."科学可分自然科学和社会科学两大类,哲学是二者的概括和总结.科学的任务是揭示事物发展的客观规律,探求客观真理,作为人们改造世界的指南.

技术(《辞海》1532页)

泛指根据生产实践经验和自然科学原理而发展成的各种工艺操作方法与技能.如电工技术、焊接技术、木工技术、激光技术、作物栽培技术、育种技术等.

自然科学(《辞海》4344页)

研究自然界的物质形态、结构、性质和运动规律的科学.包括数学、物理学、化学、天文学、气象学、海洋学、地质学、生物学等基础科学,以及材料科学、能源科学、空间科学、农业科学、医学科学等应用技术科学.是人类改造自然的实践经验即生产斗争经验的总结,它的发展取决于生产的发展,并反转来推动生产的发展.(下略)

社会科学(《辞海》3608页)

以社会现象为研究对象的科学.如政治学、经济学、法学、教育学、文艺学、史学、语言学、民族学、宗教学、社会学等,它的任务是研究并阐述各种社会现象及其发展规律.(下略)

哲学(《辞海》1706页)

源出希腊文philosophia,意即爱智慧.社会意识形态之一,关于世界观的学说.人们对于整个世界(自然界、社会和思维)的根本观点的体系,自然知识和社会知识的概括和总结.哲学的根本问题是思维对存在、精神对物质的关系问题.古今中外所有的哲学派别都根据对这一问题的不同回答而分成两大阵营.(下略)

技术革新和技术革命(《辞海》1532 页)

技术革新指技术上渐变性的改进,如对生产工具、工艺过程、所用原材料的局部改进. 技术革命指历史上重大技术改革. 例如 18 世纪后半期蒸汽机的发明和应用, 19 世纪后半期电力的发现和应用, 20 世纪后半期原子能和电子计算机的发明和使用等, 都引起了整个社会生产面貌的重大变革. 开展技术革新和技术革命, 是提高劳动生产率, 迅速发展社会生产力的决定性环节, 也是我国社会主义现代化建设的必由之路.

朱姜二位在他们的书中指出, 在上面 "技术革新与技术革命" 条目中所提到的那些技术革命, 时间跨度从四五百年前到 20 世纪, 只能算是一次科学革命, 而现在则正处于第二次科学革命正在到来的时刻, 这次科学革命的思想核心就是东方科学的思想, 它将是第二次科学革命的指导思想.

由于科学与技术经常混用, 界限不清, 在说明朱姜二位说法之前, 我们将对科学与技术的界限先做一番分析.

大体说来, 技术偏重经验、实验、实用, 需要动手; 科学偏重理论, 需要动脑. 笔者相信相当多的国人认为科学的层次在技术之上, 这可能是由于长期封建统治下形成的意识形态造成的. 俗语说: "君子动口, 小人动手." 那些动口动脑的是"君子", 可以"治人", 那些胼手胝足的劳动人民, 即使做出重大的技术发明, 也是"小人"而只能"治于人". 当代的某位"君子", 认为李约瑟只承认中国传入西方的是"技术"而非"科学", 实际上不仅认为现代科学没有在中国发生, 而且还含蓄地肯定了古代中国只有低层次的"技术", 而没有高层次的"科学".

笔者对"科学"与"技术"的层次问题颇感困惑. 以科学而被举世尊重的诺贝尔奖来说, 其得奖项目似乎并不全是科学上的理论创新, 而有不少只是技术上的发明发现. 例如激光, 在《辞海》的技术条目中就称为"激光技术". 此外如 X 线、低温、光纤等也与之类似. 又如超导, 其机理至今尚未彻底明了, 很难认为是理论上的成就. 又如生命科学上最伟大的双螺旋理论, 如果没有一位遗憾地未能得奖的女科学家事先用 X 线衍射技术发现其立体结构, 双螺旋理论将无由成立. 总之, 科学与技术两者难分难舍, 究竟如何正确对待, 希望得到有识之士的指教.

不论对科学与技术的关系与层次问题应如何认识, 朱姜二位的《东方科学文化的复兴》一书已指出了东方 (主要是中国) 不仅古代有"技术", 也还有"科学". 而且中国在古代辉煌的"科学"在一度衰退后不仅要"复兴", 还要取当代的"西方科学"而代之, 中国将成为世界"科学"的中心.

朱姜二位绝不是大言耸听、哗众取宠, 而是在上下古今对中外科技历史经过周密调查分析与思考得出来的结论.

朱姜二位指出:

西方科学来源于古希腊, 东方科学主要来源于中国;

西方科学的思想是还原论，东方科学的思想是整体论；

西方科学的方法是公理化，东方科学的方法是"实用化".

西方的文明，由于各种社会问题而陷于困境；东方科学的思想方法，则正面临新的时机而势将复兴.

朱姜二位由此做出结论：

在已见端倪的第二次科学革命中，东方的科学思想将成为革命的灵魂，东方的科学方法将成为革命的最有力工具.

下面不妨作为朱姜一书的补充：一位周瀚光先生（我并不认识），在 2001 年第 33 期的《科学新闻周刊》中登载了一篇文章，题为《中国古代科学方法及其现代意义》. 文章指出，中国的传统数学方法有一个简明图式，即：实际问题→概念方法→一般问题→实际问题.

文章又指出，不仅是中国的传统数学，而且中国传统的天文、农业、医学也同样遵循着这一模式. 因此，作者指出中国古代的四门最主要的学科——天文、数学、农学、医学，都有着一个共同遵循的一般方法论模式，即：实际问题→概念方法→一般原理→实际问题.

这一模式循环往复，但不是简单的循环过程，而呈现一种螺旋式的不断向上和波浪形的不断向前的趋势. 中国古代的科学技术就在这样一种方法论模式的循环往复中走向了它的高峰.

不仅如此，文章还指出："当代科学家的科学研究方法论模式在一定程度上与中国科学的方法论模式是完全可以相通的."结论是："中国古代科学从实际问题出发并以解决实际问题见长的方法论模式与当代科学哲学家（例如爱因斯坦）以解决问题为理论核心的方法论模式可谓不谋而合."

总之，朱姜一书实质上已回答了所谓李约瑟难题. 不仅如此，朱姜还指明了客观形势，指出了中国在千载难逢的大好形势下迈进的方向与方法. 但我们也要提高警惕，不能重蹈历史上狂妄自大蔑视西方的覆辙，而应兼收并蓄，既发挥我们自身的优势又吸收外部营养以壮大自己加速发展. 最重要的是，要不断做出具体的、有说服力的创新以征服举世人心. 在祝贺本书出版之际，笔者不才，愿与我国有心人共勉之.

《女数学家传奇》出版贺词*

欣闻《女数学家传奇》一书即将出版，不胜之喜，诚如作者徐品方先生在该书前言中所说："这是一本以传记文学形式介绍著名女数学家生平的书。"徐先生是数学方面的科普写作名家，早已享誉国内。虽然我目前只看到本书的前言与章节概要，但已感触甚深。现仅就书中两点略谈观感如下。

本书第一章的标题是：血谱的千古悲歌——[希腊] 希帕蒂娅。希帕蒂娅 (Hypatia) 是第一个得以名传后世的女数学家，她于公元 4 世纪出生于古埃及的政治与文化中心亚历山大城。她的父亲 Theon of Alexandria 是当时的大学问家，在亚历山大大学教授数学。尽人皆知的欧几里得《几何原本》，现在能见到的多种希腊文、阿拉伯文、拉丁文本，除 1808 年在梵蒂冈图书馆发现的公元 10 世纪一个来历不明的希腊文手抄本外，其余都源自 Theon 在公元 4 世纪时的一个增订本，对此可参看席泽宗院士在《科学》(双月刊)48 卷 4 期第 32~34 页上关于"李约瑟难题"的一篇文章。

公元 5 世纪时，正值罗马帝国的晚年，而基督教正在此时兴起，当时的埃及亚历山大城，正处于错综复杂的政治、宗教、民族、社会等种种矛盾之中。希帕蒂娅受到家庭的严格训练，且又才气过人，但也不无招人之忌。终于在公元 415 年某日，在某些阴谋家的操纵下，一群信奉基督教的暴民以异教徒的罪名，将希帕蒂娅残酷折磨至死，成为震撼古今的一件惨案。美国小说家与诗人 Charles Kingsley(1819—1895)，在 1853 年写成历史小说 *Hypatia*，详细描述了当时历史背景与惨案经过。可惜这一名著并无中文译本，而且只涉及事件的阴谋过程而不涉及女主角的学术才能，对数学史的爱好者未免美中不足。本书则对于希帕蒂娅多方面的才能及学术造诣与成就作了详细的介绍，应该可以说多少弥补了这一缺陷。

本书另一处使我感到震惊的是第五章第一节关于中国女数学家首先介绍了班昭，标题是"创立坐标的班昭"，这使我大吃一惊。班昭 (约 49—约 120) 是撰写《汉书》的东汉史学家班固之妹，向来只知道班固撰写《汉书》未成而卒，班昭与他人共同续撰以及有诗赋与其他著作 (如《女诫》) 而已，根本没有想到她在续撰完成班固《天文志》时创立了坐标。这无疑是数学与天文学发展过程中的一件大事，决不能等闲视之。作者可能是第一个揭露此事的学者，对科学史研究是一大贡献。

本书的出版，无疑将为广大读者提供一份珍贵的精神食粮，即使不足以成为读者们案头必备之书，至少也应成为案头优选读物之一，谨以此祝贺此书的出版以及必将取得的巨大成功。

---

* 本文摘自《女数学家传奇》(徐品方著)。科学出版社，2005.

《数学与科学史丛书》总序*

中华民族正濒临伟大复兴的前夕,科学技术是第一生产力,科技力量的强大无疑是实现民族复兴的决定性关键因素.

中国科学技术源远流长,在历史上众多方面有无数重大贡献,绝非仅仅是通过丝绸之路传至西方的所谓"四大发明"而已. 由于本人是数学工作者,试就中国古代对数学的贡献略志数语如下.

提起数学,我们通常会想到古希腊欧几里得逻辑推理的演绎体系与相应的定理证明. 在它的影响下,形成了绚丽多彩的现代数学. 古希腊对数学的这种影响与成就,自然是不可磨灭而应该为国人所向往与虚心学习的.

与欧几里得体系不同,中国古代的数学家重视实际问题的解决,由此自然导致多项式方程(组)的求解与相应算法的发现. 对方程研究的不断深化,也逐步导致正负数、分数即有理数、(开方型)无理数,以及不尽小数即一般无理数的引入及其计算与极限等规律的发现. 这在公元263年刘徽的《九章算术注》中即已完成. 而在欧洲,则直至19世纪Weierstrass与Cantor等时代,才以繁复而不甚自然的形式实现了实数系统的完成,其中还出现过所谓的数学危机.

不仅如此,我国宋元时期天元概念的引入与天元术的创立,其成就之一是导致解多变量多项式方程组的一般思路与具体方法. 20世纪70年代我国的数学家们正是由于研习中国古代数学的启发,建立了解多项式方程组的一般方法,并由此创立了数学的机械化体系,取得从理论以至实际的多方面应用. 特别是成功地应用于(初等与微分)几何定理的机器证明,为计算机时代脑力劳动的机械化开其先河. 这不能不归功于中国古代数学所蕴含的思想与方法的深邃内容.

在科学技术,以至医药、农牧业、地理与制图、水利、工程与机械制造等诸多方面,中国古代也有着辉煌的成就. 试以天文学为例,我国是天文学发达最早的国家之一,早在新石器时代中期,我们的祖先已开始观天象,并用以定方位、定时间、定季节. 我国历代都有历法,相传黄帝时代即已有之. 不仅如此,历代还设置观察天文现象的专职官吏,传说颛顼时代就已有"火正"的官.

由于制历与天象观察都需要数学的帮助,因而中国古代数学的许多成就往往散见于历代的天文历法与有关著作之中. 例如,有着悠久发展历史的招差术,主要见于历代的历法之中,在元代历法中实际上已有接近于微积分中麦克劳林级数的内容.

---

* 本文摘自《数学与科学史丛书》(曲安京主编). 科学出版社,2005.

本丛书主编曲安京教授是天文学史方面有突出贡献的著名专家,中国古代天文成就的详情可参看本丛书中曲安京所著《中国历法与数学》和《中国数理天文学》两书. 至于其他方面, 可参阅李约瑟的《中国科学技术史》及国内出版介绍中国科学技术史的有关著作.

聊志数语, 以贺本丛书在曲安京教授的精心策划之下, 取得巨大的成功.

《陈省身与中国数学》序 *

陈省身先生不仅是数学上的一代宗师,而且为中国数学跃升至世界水平作出了巨大贡献.陈先生先后在国内主持与创办了两个数学研究所,培养了一大批优秀的青年数学家,使我国的数学能与西方平起平坐,一争雄长,并为本世纪中叶我国数学从大国跃升为强国创造了条件.先生不幸逝世,本文集收集了陈先生的许多学生、友好与追随者的纪念文章,陈先生伟大的一生,将为后世所永志不忘.

---

* 本文摘自《陈省身与中国数学》(吴文俊,葛墨林主编).南开大学出版社,2007.

《丝绸之路数学名著译丛》总序*

李文林同志在本译丛导言中指出,古代沟通东西方的丝绸之路,不仅便利了东西方的交通与商业往来,"更重要的是使东西方在科学技术发明、宗教哲学与文化艺术等方面发生了广泛的接触、碰撞,丝绸之路已成为东西方文化交汇的纽带."特别是在数学方面,"沿丝绸之路进行的知识传播与交流,促成了东西方数学的融合,孕育了近代数学的诞生."

在李文林同志的精心策划与组织带动之下,我国先后支持并派出了几批对数学史有深厚修养的学者们远赴东亚特别是中亚亲访许多重要机构,带回了一批原始著作,翻译成中文并加适当注释. 首批将先出版 5 种,具见李的导言. 它们的深刻意义与深远影响,李文言之甚详,不再赘述.

---

* 本文摘自《丝绸之路数学名著译丛》(李文林主编). 科学出版社, 2008.

《中国数学史研究——白尚恕文集》序*

我与白尚恕同志的相识,是由于对中国数学史的共同爱好.记得我第一次知道他是在20世纪70年代,当时我正热衷于中国古代数学史的探索.在众多涉猎的史书中,有一本是1966年科学出版社出版的钱宝琮等编著的《宋元数学史论文集》,此书附录中有一篇是白尚恕先生的《秦九韶测望九问造术之探讨》.为此我还记得曾造访过白先生的家,当时白先生还是北京师范大学第二附属中学的一名中学教师,此后由于中算史研究的优异成绩,于1978年调回到有中算史研究传统的北京师范大学数学系任教.我与白先生的往来也多了起来,对他也有了较多较深的认识,大致说来有以下几点.

中国古代数学或传统数学源远流长,但经典著作流失者不少,能流传至今者最早当数汉初《周髀算经》与秦汉之交的《九章算术》以及三国时期刘徽的《九章算术注》,尤以《九章算术》及其《九章算术注》为伟大的传世之作.但这些著作都是用古文缮写,且所用专门术语与现代所用大不相同.因此,20世纪70年代时兴起了一股古算热时,对有志于此者造成了难以逾越的困难.白尚恕同志当时编写了《<九章算术>导读》一类书籍,用现代文字与数学公式解释当时的经典原著,使读者容易入门.当时出现了一批这种导读类的著作,据我所知,白尚恕即使不是这类导读的首创者,也是最早几个创导者之一.

中国传统数学有其自身特有的思想体系与发展途径.从远古以至宋元,在很长的一段时间内成为世界数学发展的主流,因此有必要缮写全面论述中国传统数学历史发展的著作.为了这一目标,出现了同名为《中国数学史大系》达10个分册的两种鸿篇巨著.其一是中国科学院自然科学史研究所数学分部的专家所领导完成,另一则由教育部门白尚恕(北京师范大学)、沈康身(杭州大学)、李迪(内蒙古师范大学)、李继闵(西北大学)四位数学史专家创议与领导完成.在写作过程中,李继闵教授于1993年因病逝世,白尚恕教授也于1995年因肺癌逝世.虽经此波折,但终于出齐.大系中贯注了白尚恕的许多心血,是白尚恕在中算史上的不可磨灭的功绩之一.

与白尚恕的交往过程中,对白尚恕印象最深的是他的组织能力与不妨称之为公关能力的影响力.这不仅见之于《中国数学史大系》的组织编写过程,即以我自己有密切关系的数学机械化研究工作来说,我最早编写的《吴文俊论数学机械化》一书,就是通过白尚恕与山东教育出版社联系而得以在该社印刷出版的.该出版社还

---

*本文摘自《中国数学史研究 —— 白尚恕文集》(李仲来主编).北京师范大学出版社,2008.

对我研究部门编撰某些著作的出版给予了许多优惠,也与白尚恕的相助不无有关.白尚恕如此热心,也与白尚恕对于数学机械化的认识有关.我记得有一次白尚恕来我家访问,临走出门忽然跷起了大拇指说,数学机械化真棒.我相信这代表了白尚恕对中国古代数学有了深刻认识的肺腑之言.

白尚恕同志因劳成疾,不幸去世,但他的音容笑貌,将永远留在同路人的心中.

中国传统数学学习回忆
(纪念钱宝琮前辈诞辰 111 周年)
——《一代学人钱宝琮》代序*

中国传统数学或古代数学的辉煌成就,现在已不仅为越来越多的国人所认识与肯定,也已为越来越多的国际人士所认识与肯定. 但在百年以前,甚至在三四十年以前,情况绝非如此. 当年流行在广大中国知识分子,特别是在广大中国数学家中的一般看法是:现代的数学,主要是由古希腊数学的传统演变发展而来. 特别是公元前 300 年古希腊欧几里得所著的《几何原本》,乃是现代数学的典范.

然而,当中国的数学界正沉醉于这种欧几里得式的现代数学中时,却传来了与之不相协调的声音,这些声音来自于两位已故的学者:

李俨 (1892—1963) 与钱宝琮 (1892—1974)

1998 年 12 月,辽宁教育出版社出版了李钱二老的 10 卷本科学史全集,不久又为李、钱诞辰 100 周年而举行了国际学术讨论会. 我有幸为二者题写贺词. 另外,1999 年 3 月 26 日,《光明日报》的"书评周刊"登载了日报记者采访自然科学史研究所郭书春研究员与辽宁教育出版社社长俞晓群先生的记录,名为《为了学术的承传》. 采访中记者问:"李约瑟曾经提到,有的科学史家竟认为中国从来不曾在数学中得到任何有价值的成就,他们所掌握的数学知识是从希腊传进去的,而李钱二老所做的工作恰恰向世人证明了中国古代数学曾有的辉煌,仅仅从这一点上,他们在中国数学史方面的研究是否意义重大?" 郭书春先生回答了记者的问题,说明了中国古代数学的辉煌成就,以及李钱二老的功绩,并引华罗庚先生的话说,我们今天得以弄清中国古代数学发展的面貌,主要是依靠李俨先生和钱宝琮先生的著作.

就我自己来说,我过去由于所受西方数学的教育以及西方数学史家著作的影响,也曾经以为中国古代数学无甚可取之处,不值得学习,而应专心于西方传入现代数学的发扬. 直到 20 世纪 70 年代中期,当时的科学院数学所号召大家学习中国古代数学,我才开始了认真的学习.

我从李钱二老的著作,特别是钱老的《中国数学史》一书入手,知道了中国数学的概貌,由此进入中国古代经典的钻研,并广泛阅读了西方许多有关古代数学特别是有关古希腊数学成就的大量著作.

---

* 本文摘自《一代学人钱宝琮》(钱永红编). 浙江大学出版社, 2008.

学习的结果是我在 1975 年以顾今用为笔名,在《数学学报》第 18 期上,发表了我关于中国数学史的第一篇著作,篇名为《中国古代数学对世界文化的伟大贡献》,篇末我毅然提出:

近代数学之所以能够发展到今天,主要是靠中国 [式] 的数学,而非希腊 [式] 的数学.

随着我对中国数学史学习得越来越深入,我对中国古代数学的认识也越来越深入,从时不时发表一些学习心得,一发而不可收拾,以至于今,我不想在这里夸耀我的这些心得,我只想声明:对于以顾今用为名所提出的上面的断言,我越来越觉得是真正的真理!

钱老的《文集》出版在即,谨志数语,聊表我对钱老启蒙引导的谢意,以及钱老与李老一同开创这一中国古代数学史全新局面的敬意.